KB093044

충격공학의 기초와 응용

IMPACT ENGINEERING

충격공학의 기초와 응용

요코야마 다카시(橫山 隆) 편저   임윤묵 옮김

FUNDAMENTALS & APPLICATIONS

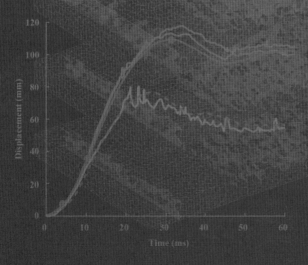

KSCE PRESS
KOREAN SOCIETY OF CIVIL ENGINEERS PRESS

저자 서문

이 책은 2004년부터 2008년까지에 걸쳐 일본재료학회 충격부문위원회 활동의 성과를 사회에 널리 환원하고 안심할 수 있는 안전사회 실현에 기여하기 위해 개최한 초보자를 위한 기술 강습회 "충격공학 포럼" 강연 원고를 단행본으로 편찬한 것이다. 기술 강습회 수강생들이 꼭 텍스트로 발간해달라는 요구도 많았고 일본 내 충격공학에 관한 초보자를 위한 입문서적도 전무하여 출판을 단행했다.

이 책의 내용으로는 강연 원고를 주제별로 다시 정리해서 기초편과 응용편으로 분류했다. 전자는 충격 현상의 기초적 이해에 필요한 파 전파 이론이나 그에 기초한 충격실험법, 재료의 구성관계식, 동적 파괴역학 매개변수 평가법, 구조 요소의 동적 응답의 평가법을 자세히 설명하고 있다. 후자에서는 충격공학 분야의 중요한 과제인 철근 콘크리트 보의 충격강도 평가, 접착접합이음매의 충격 특성 평가, 충격초고압을 이용한 물질합성, 충격응답해석에 필수적인 수치해석법을 다루었다. 이 밖의 응용 분야로는 고에너지 속도가공, 초고속 충격 문제 등을 제외하면 이른바 충격공학에 관련된 주요 과제는 거의 망라되어 있다고 해도 과언이 아닐 것이다.

우리나라 대학의 공학부(예를 들면 기존의 기계, 항공우주, 토목건축, 선박해양공학과 등)의 강의 요목을 보면, '기계역학', '구조동역학', '연속체역학' 등의 일부에서 응력파 전파에 대해 단편적으로 언급되고 있을 뿐, 횡단적으로 '충격 문제'를 다루고 그 접근법을 설명하는 강의는 대학원에서도 거의 찾아볼 수 없다. 본서가 지금부터 충격공학을 새롭게 공부하려고 하는 학부 학생, 대학원생들에게 입문서로, 그리고 산업계에서는 여러 가지 충격 현상의 해명에 종사하고 있는 실무자분들에게 문제 해결의 실마리가 된다면 정말 다행이라 생각한다. 집필자로서 가능한 한 이해하기 쉬운 표현으로 내용을 기술하기 위해 각 장마다 2명의 전문가에게 사독을 한 결과를 바탕으로 다시 원고 개정을 부탁하였다. 이러한 원고의 사독 방식은 우리나라에서 흔하지 않기 때문에 원고 편집에 많은 시간이 소요되어 출판 시기가 많이 늦어졌다. 독자의 편의를 위해 책 끝부분에는 필자가 선정한 중요한 전문 용어를 색인으로 첨부하였으며, 충격공학을 더 공부하고 싶은 독자를 위해서, 참고할 만한 양서(일부 일본어로 쓴 책을 포함)를 기재하였다. 마지막으로, 이 책이 완성될 때까지 많은 지원과 도움을 주신 분들에게 한 번 더 감사의 말씀을 드리고 싶다. 또한 본서의 편집에 있어서 전편을 통독하고 용어나 표현을 통일하는 데 도움을 주신 히가시 이과대학의 이타바시 마사아키 교수님께 감사를 표한다.

2014년 4월

橫山 隆

옮긴이의 글

번역을 하면서….

"좋은 책을 만나 그 책을 번역하는 것은 마치 좋은 친구를 만나 그 친구와 여행하는 것과 같다"고 생각한다. 오래전부터 충격에 대한 좋은 책들을 살펴보고 이렇게 저렇게 모은 책이 10여 권에 달했다. 번역을 마음 먹은지도 벌써 몇 년이 지났다. 학교 일을 내려놓고 1년의 연구년을 시작하며 다시 마음속에는 충격공학 관련 좋은 서적을 번역해야지 하는 생각이 자리잡았다. 그러나 연구년을 시작할 즈음 가장 먼저 시작한 것은 세계 유수의 연구소 방문과 학회에 참가하는 스케줄을 완성하는 것이었다. 그러다 보니 책의 번역은 나도 모르게 넌지시 뒷전로 미루고 있었다. 그러던 중 COVID-19가 세상을 바꾸는 신호탄을 터뜨리고 급기야 나의 스케줄은 모두 취소할 수밖에 없는 상황이 되었다. 세상은 이렇게 돌아가나 보다. 이러한 일련의 사건이 아니었다면 이 책의 번역도 아마 몇 년이 더 미루어졌을지 모른다. 그리고 상황이 모든 작업을 빠르게 진행할 수 있게 도와주었고 그렇게 해서 이 책은 번역되었다. 이 책이 국내 충격에 관심이 있는 엔지니어들과 학생들에게 도움이 되었으면 한다.

2020년 5월

한창 축제로 시끌했을 연세대학교 캠퍼스의 연구실에서

백양로를 바라보며

연세대학교 공과대학 건설환경공학과 **임윤묵**

프롤로그

충격공학에 대한 로망

내가 충격공학에 대한 관심을 갖게 된 것은, 지금도 기억하지만 고등학교 학창시절 TV에서 방영되었던 "구조물의 폭파해체"에 대한 다큐멘터리를 보고난 후 생긴, 이 분야에 대한 막연한 동경심 때문이었다. 이 영상에서 커다란 구조물이 한순간에 폭파되고 해체되는 모습은 충격공학에 대한 내 마음에 심겨진 한 알의 씨앗이었다고 생각한다. 이 씨앗은 내가 모르는 사이 조금씩 내 마음속에서 자라났고 이 씨앗의 싹이 내가 토목공학 그리고 구조공학, 역학이라고 하는 학문을 내 평생의 공부할 주제로 삼게 되었던 것 같다. 얼마 전 나와 지원동기가 같은 한 신입생의 이야기는, 나의 옛꿈을 다시 한번 기억나게 해주기도 하였다.

잃어버렸던 꿈을 되찾고

유학시절 다시 한번 이 꿈이 내 마음에서 자라고 있음을 확인하였다. 내가 공부하던 학교의 실험실에서는 매주 매달 새로운 시험 구조체가 만들어지고 실험으로 깨져 나가는 일이 반복되었다. 실험을 도와주는 미국 스탭이 이런 농담을 할 정도였다. "나는 토목공학이 건설하기 위한 학문인줄 알았는데 알고 보니 구조물을 깨는 학문이야." 그런 실험 장면을 보고 내 연구도 일종에 구조물이 깨지는, 즉 파괴되는 현상을 규명하는 연구이다 보니 예전 마음에 심었던 나의 꿈이 다시금 커나가는 것을 알 수 있었다. 이러한 연구를 하며 많은 다른 연구자들의 연구를 논문을 통해 접하였다. Shah 교수의 논문 중에 RC Beam-Column 연결부의 파괴거동이 정적하중처럼 천천히 하중을 가하면서 연결 부분의 파괴를 관찰한 것과 동적하중으로 왕복해서 활용을 할 때 큰 차이가 발생함을 발견할 수 있었다. 그 논문을 읽고 다시 한번 나의 꿈을 내 연구와 연결하려는 시도를 하게 되었다. 현재도 마찬가지지만 그 당시 이런 문제를 해결하기 위한 방법은 실험으로부터 얻은 자료를 해석할 때 상황에 맞게 입력하여 빠른 속도의 하중으로 인한 구조물의 파괴현상을 규명하곤 하는 것이었다. 여기서 나는 이렇게 말고 해석 시 하중속도에 따라 자체적으로 대응하는 재료 모델을 개발하고자 하였다. 그것이 현재 내 연구에 많은 부분을 차지하는 "재료의 속도 의존성" 문제를 다루게 된 계기이다. 속도 의존성 문제는 모든 재료에서 나타나는 현상으로 특히 콘크리트와 같은 취성이거나 유사 취성 재료에서 쉽게 발견된다.

꿈의 실현을 위하여

건설분야에서 재료의 속도 의존성 문제는 단순하게 하나의 재료로 이루어지는 경우가 많지 않다. 복합재료나 복합구조계에서 발생되면 문제는 점점 더 많은 연구가 요구된다. RC 구조물의 경우도 콘크리트, 철근 그리고 두 물질의 경계 모두 속도 의존성을 보인다. 현재 콘크리트와 철근에 속도 의존성을 구현하여 구조물이 매우 빠른 속도의 하중에 노출된 경우 해석까지는 큰 문제없이 진행이 된다. 다음 타깃은 경계면이고 이를 이용하여 Fiber Reinforced Composite에 연결하고자 한다.

다시 한번 이 책을 보고 충격공학을 공부하는 학생들에게 당부하고자 한다.

"꿈을 꾸어라."

제8장 접착부의 충격강도

제9장 초고압 충격과 물질합성

제10장 충격문제와 수치해석법

제11장 고속충돌현상의 수치해석

제1장
응력파 전파의 기초

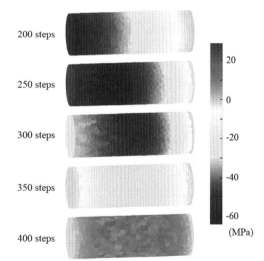

▌ 앞의 그림

콘크리트 원통형 시편의 왼쪽에 압축 하중을 입사시켰을 때 하중에 의해 발생한 파의 전달 과정

* Hwang, Y. K., Bolander, J. E., & Lim, Y. M. (2020). Evaluation of dynamic tensile strength of concrete using lattice-based simulations of spalling tests. *International Journal of Fracture, 221* (2), 191-209.

제1장

응력파 전파의 기초

1.1 서 론

구조부재를 구성하는 재료가 외부로부터 하중을 받을 때 재료 내부에 발생하는 응력과 변형의 관계를 규명하는 학문을 재료역학이라 하며, 재료역학은 이공학 분야를 공부하는 학생들의 필수과목 중 하나이다. 그런데 현재 재료역학에서 다루고 있는 하중이란 일반적으로 정적하중을 가리키며 충격하중에 관한 재료의 거동에 관한 설명은 거의 없다고 할 수 있다. 따라서 재료역학이란 일반적으로 평형조건을 기준으로 한 정역학 statics이라고 할 수 있다. 그러나 사실 구조부재는 그 생애주기 동안 정적하중뿐 아니라 충격하중도 받게 된다. 이러한 현상을 '충격재료역학'으로서 체계화하기 위한 시도가 수차례 있어 왔지만,[1]-[10] 아직 노력이 더 필요하다.

충격하중을 받은 구조부재의 재료와 정적하중을 받은 재료에서 나타나는 역학적 거동의 차이점에 관해 문헌[8]에 다음 3가지의 특징을 언급하였다.

- 첫 번째 특징은 재료에 발생하는 응력(또는 변형)이 파 형태로 재료를 통과하기 때문에 응력장이 시간에 따라 변화하여, 일반적으로 그 분포가 정적인 경우와 완전히 다르다는 점이다. 하나의 예로 정적하중에서는 압축응력만이 발생하는 하중조건에서도 충격하중의 경우에는 일부 구간에서 인장응력이 발생하기도 한다.
- 두 번째 특징은 재료의 변형거동 자체가 가해지는 하중속도의 영향을 받는다는 점이다. 즉 변형속도가 증가하면 응력-변형률 곡선이 정적인 경우와 달라지고, 변형률속도에 따라 변화한다. 이것이 파의 전파 방식에도 영향을 미치기 때문에 첫 번째와 두 번째 특징은 함께 나타난다.
- 세 번째 특징은 재료의 파괴거동이 충격하중을 받는 경우와 정적하중을 받는 경우가 다르다는 점이다. 정적하중을 받았을 때 연성파괴를 일으키는 재료가 충격하중을 받았을 때 취성파괴를 일으킬 수도 있다.

이번 장에서는 위에서 설명한 첫 번째 특징에 대해 그 개요를 설명하고자 한다.

1.2 탄성체의 내부파

1.2.1 3차원 탄성체의 내부파 기본식

기본적으로 충격하중에 의해 발생한 파가 무한탄성체 내부를 통과하는 파를 생각해보자. 직각 좌표에서 x, y, z 방향의 운동방정식에서 각 방향의 변위를 u, v, w로 나타내면 다음과 같은 식으로 표현할 수 있다.

$$\rho \frac{\partial^2 u}{\partial t^2} = \frac{\partial \sigma_x}{\partial x} + \frac{\partial \tau_{xy}}{\partial y} + \frac{\partial \tau_{xz}}{\partial z}$$

$$\rho \frac{\partial^2 v}{\partial t^2} = \frac{\partial \tau_{yx}}{\partial x} + \frac{\partial \sigma_y}{\partial y} + \frac{\partial \tau_{yz}}{\partial z} \tag{1.1}$$

$$\rho \frac{\partial^2 w}{\partial t^2} = \frac{\partial \tau_{zx}}{\partial x} + \frac{\partial \tau_{zy}}{\partial y} + \frac{\partial \sigma_z}{\partial z}$$

이때 ρ는 매질의 밀도이고 σ_n, τ_{ij}는 응력의 성분이다. 이는 재료의 매질에 상관없이 탄성체·소성체 모두 성립한다. 이때 응력과 변형률의 상관관계를 도입하면 매질에 따라 식(1.1)의 구체적인 표기가 달라진다. 탄성체의 경우 응력과 변형률 성분 사이에 다음 관계가 성립한다.

$$\sigma_x = \lambda \Delta + 2\mu \epsilon_x, \quad \sigma_y = \lambda \Delta + 2\mu \epsilon_y, \quad \sigma_z = \lambda \Delta + 2\mu \epsilon_z$$

$$\tau_{yz} = \mu \gamma_{yz}, \quad \tau_{zx} = \mu \gamma_{zx}, \quad \tau_{xy} = \mu \gamma_{xy} \tag{1.2}$$

이때 변형률 성분과 변위 성분 사이에 다음 관계가 성립한다.

$$\epsilon_x = \frac{\partial u}{\partial x}, \quad \epsilon_y = \frac{\partial v}{\partial y}, \quad \epsilon_z = \frac{\partial w}{\partial z}$$

$$\gamma_{yz} = \frac{\partial w}{\partial y} + \frac{\partial v}{\partial z}, \quad \gamma_{zx} = \frac{\partial u}{\partial z} + \frac{\partial w}{\partial x}, \quad \gamma_{xy} = \frac{\partial v}{\partial x} + \frac{\partial u}{\partial y} \tag{1.3}$$

$$\Delta = \epsilon_x + \epsilon_y + \epsilon_z$$

이때 Δ는 체적팽창을 나타낸다. 또한 λ, μ는 라메Lame의 정수라 부르며, 공학적 탄성계수와 포아송비 E, G, ν와의 관계는 다음과 같다.

$$E = \frac{\mu(3\lambda + 2\mu)}{\lambda + \mu}, \quad G = \mu$$
$$\nu = \frac{\lambda}{2(\lambda + \mu)} \tag{1.4}$$

식(1.3)을 식(1.2)에 대입해서 이 식을 다시 식(1.1)에 대입하면 다음과 같은 식을 얻게 되는데,

$$\rho\frac{\partial^2 \Delta}{\partial t^2} = (\lambda + 2\mu)\nabla^2\Delta \quad \text{단,} \; \nabla^2 = \frac{\partial^2}{\partial x^2} + \frac{\partial^2}{\partial y^2} + \frac{\partial^2}{\partial z^2} \tag{1.5}$$

이는 체적팽창이 파의 형태로 재료 내부를 $c_1 = \sqrt{(\lambda + 2\mu)/\rho}$ 속도로 통과한다는 사실을 나타내며, 이때 c_1를 체적팽창파(비회전파 또는 P파) 속도라고 부른다.

그리고 $\Delta = 0$인 경우 식(1.1)은,

$$\rho\frac{\partial^2 u}{\partial t^2} = \mu\nabla^2 u, \quad \rho\frac{\partial^2 v}{\partial t^2} = \mu\nabla^2 v, \quad \rho\frac{\partial^2 w}{\partial t^2} = \mu\nabla^2 w \tag{1.6}$$

등체적인 경우에는 전단변형이 속도 $c_2 = \sqrt{\mu/\rho}$로 통과하는 것을 나타내며, c_2를 등체적파(전단파, S파) 속도라고 부른다. 위 2가지의 전파속도 c_1과 c_2가 가장 기본적인 탄성파 속도이지만, 사실상 무한체는 존재하지 않기 때문에 자유표면 등 경계의 영향을 받아 전파속도가 다른 형태로 나타난다.

1.2.2 표면파

자유표면을 갖는 반무한체를 통과하는 파동의 경우 표면을 따라 통과하는 파동은 2차원인 데 반해, 내부로 진행하는 파동은 3차원이기 때문에 전파하는 파동이 급격히 감쇠하게 되어 결과적으로 표면을 따라 전파되는 파동만이 남게 된다. 파동의 진행방향과 깊이방향으로 변위성분이 존재하며, 깊이방향으로 지수함수로 감쇠하는 파동을 레일리Reyleigh파라 부른다. 레일리파의 전파속도 c는 $\lambda = \mu$, $\nu = 0.25$일 때 다음과 같이 된다.

$$c = (2 - 2/\sqrt{3})^{1/2}c_2 \approx 0.919c_2$$

구조부재를 무한체 또는 반무한체로 취급 가능한 경우는 매우 제한적이다. 구조부재는 일반적으로 기둥, 보, 판 등 자유표면이나 경계를 가진 유한물체이다. 이어서 이러한 유한경계를 갖는 부재 내부를 통과하는 파를 살펴보자.

1.2.3 원형봉을 통과하는 변형률파

원형봉 한쪽 끝에 변형률 충격을 가한 경우 변위는 축에서 수직인 단면 내에서 강체가 회전하고 그 회전각을 $\phi(x, t)$로 표기하면 운동방정식은 다음 식으로 나타낼 수 있다(그림 1.1).

$$\frac{\partial^2 \phi}{\partial t^2} = c_2 \frac{\partial^2 \phi}{\partial x^2} \quad \text{단,} \ c_2 = \sqrt{\mu/\rho} \tag{1.7}$$

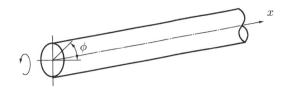

그림 1.1 원형봉을 통과하는 변형률

이는 3차원 무한탄성체의 내부파 방정식(1.2.1항 식(2.6))의 변형률파와 일치하며 비틀림파는 속도 c_2에서 그 형태를 바꾸지 않고 통과한다는 사실을 나타낸다. 원형봉은 측면이 자유단으로 축에서 수직인 단면 내부에서의 변형률 운동은 자동적으로 측면의 경계조건(응력=0)을 충족하기 때문에 무한체 내부의 변형률파의 해를 그대로 적용시킬 수 있다.

1.2.4 봉을 통과하는 종파

가장 기본적인 부재인 봉에 축방향 충격이 가해지는 경우를 가정해보자. 봉의 축방향을 x축으로 두고 축에 수직인 단면 내 입자는 일정하게 움직인다고 가정하면 일축응력 상태가 되어 운동방정식(1.1)은 다음 식으로 표현된다.

$$\rho\frac{\partial^2 u}{\partial t^2} = \frac{\partial \sigma_x}{\partial x} \tag{1.8a}$$

이때 축방향 응력의 후크^{Hooke}의 법칙 $\sigma_x = E\epsilon_x = E\partial u/\partial x$를 이용하면, 위 식은 다음과 같은 식이 된다.

$$\frac{\partial^2 u}{\partial t^2} = c_0{}^2\frac{\partial^2 u}{\partial x^2} \tag{1.8b}$$

이때

$$c_0 = \sqrt{E/\rho} \quad (E, \rho\text{는 봉의 축방향 탄성률 및 밀도}) \tag{1.9}$$

c_0는 1차원 축방향 파의 속도이며 강철과 알루미늄 계열 금속에서는 약 5000m/s이다. $x - c_0 t$, $x + c_0 t$를 각각 변수로 하는 임의의 함수 f, g에서 성립하는 다음 식을 식(1.8b)게 대입하여 식이 만족하고 있는지 쉽게 확인할 수 있어, 식(1.10)은 식(1.8b)의 해라는 것을 알 수 있다.

$$u = f(x - c_0 t) + g(x + c_0 t) \tag{1.10}$$

$u = f(x - c_0 t)$는 $t = 0$으로 $f(x)$의 분포형상을 갖는 변위가 시간 t 후에는 같은 형태로 x의 정방향으로 $c_0 t$만큼 이동(전파)했음을 보여준다(그림 1.2 참조). 또한 $g(x + c_0 t)$는 마찬가지로 x의 역방향으로 $c_0 t$ 이동했음을 나타낸다. 따라서 식(1.8b) 형태의 방정식은 1차원(공간상 x축 방향만을 가정하므로) 파동방정식이라 부르며, c_0는 1차원 축방향 파의 속도라고 부르는 이유는 이 때문이다.

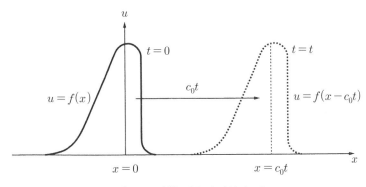

그림 1.2 1차원 파동방정식의 해

식(1.8b)는 봉의 축방향의 변위 u만을 가정하며, 횡방향의 관성은 생략했기 때문에 3차원 파동방정식(1.5)에 비해 근사치이기는 하지만, 봉의 직경에 비해 수 배 이상으로 충분히 긴 파장에 대해서는 상당히 정확한 해를 제공한다.

충격으로 발생하는 응력과 변형률:

구체적인 예로 봉의 한쪽 끝이 충격을 받는 경우를 가정해보자. 그림 1.3 과 같이 $x = 0$에 단면이 있고 x의 정방향에 반무한으로 이어지는 봉이 있다. 이 봉의 $x = 0$ 단면이 시각 $t = 0$에 갑자기 충격력을 받는다고 하자.

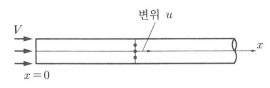

그림 1.3 축방향 충격을 받는 봉

충격력은 일정 크기의 힘이 가해지는 경우와 어떠한 물체가 충돌했을 때처럼 정지해 있던 봉 단면이 일정속도 V로 이동하는 경우도 있다. 여기에서는 후자의 경우를 생각해보자(결국 모두 동일하다는 사실을 알게 된다). 이때 초기 및 경계 조건은 다음과 같이 나타낼 수 있다.

$$
\begin{aligned}
&t < 0 \ : \ u(x,t) = \dot{u}(x,t) = 0 \\
&t \geq 0 \ : \ \dot{u}(x,t) = VH(t)
\end{aligned}
\tag{1.11}
$$

단, $H(t)$는 계단함수이며 조건식(1.11)의 아래에서 식(1.8b)를 풀면 그 해를 다음과 같이 도출할 수 있다.

$$x > c_0 t \; : \; u = 0, \;\; \dot{u} = 0, \;\; u' = \epsilon = 0, \;\; \sigma = 0$$

$$0 \leq x \leq c_0 t \; : \; u = V(t - x/c_0), \;\; \dot{u} = V, \;\; u' = \epsilon = - V/c_0 \qquad (1.12)$$

$$\sigma = - EV/c_0 = - \rho c_0 V$$

단 $\dot{u} = \partial u / \partial t$, $u' = \partial u / \partial x$ 이다. 이는 선단($x = c_0 t$)보다 앞 영역에는 파동이 도달하지 못하고 충돌 전과 완전히 동일한 정지 상태이며 $0 \leq x \leq c_0 t$ 파동이 도달한 영역에서는 일정 입자속도($= V$), 일정 비틀림($= - V/c_0$), 일정 응력($= - \rho c_0 V$)임을 나타낸다. 이를 도식화하면 그림 1.4와 같이 단계형태 파가 되어 전파되는 것을 알 수 있다.

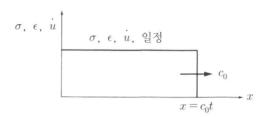

그림 1.4 계단충격을 받는 1차원 종파

구체적인 예로 강봉($E = 200\,\text{GPa}$, $\rho = 7900\,\text{kg/m}^3$, $c_0 \approx 5000\,\text{m/s}$)이 갑자기 단면속도 5m/s로 충격을 받은 경우 발생하는 계단파의 크기를 보면 식(1.12)의 3식에 의해 변형률의 크기는 $-1/1000$, 즉 1/1000의 압축변형이며 응력의 크기는 4식에 의해 200MPa의 압축응력이 발생함을 알수 있다. 만일 봉이 직경 10mm의 원형봉이라고 하면 발생하는 힘은 약 16kN에 달하며 저속으로 충돌한 경우라도 고응력, 고하중이 발생하여 파손이 발생하기 쉽다는 것을 알 수 있다.

위의 예는 x의 정방향에 반무한으로 이어지는 봉의 경우지만, 실제로 봉은 유한 길이로 반대쪽 끝단도 자유단이 되거나 다른 구조부재에 접촉하는 등 경계가 있다. 그런 경우 파동은 어떻게 변할 것인지 알아보자.

단면적, 밀도, 종탄성율이 급격히 각각 A_1, ρ_1, E_1(봉 I)에서 A_2, ρ_2, E_2 (봉 II)로 변화하는 불연속면을 갖는 봉을 가정한다. 크기 σ_i의 응력파가 봉 I을 통과해 불연속면에 도달한 경우, σ_i는 일부가 크기 σ_r의 반사파로 반사되어 봉 I을 통과하고, 나머지는 크기 σ_t의 투과파가 되어 봉 II를 정방향으로 통과한다. 따라서 입사파와 반사파가 겹치는 봉 I에서의 응력의 크기는 $\sigma_i + \sigma_r$이 된다. 이때 σ_i과 σ_t 사이에는 다음 관계가 성립한다.

$$\sigma_r = \frac{A_2 E_2 c_1 - A_1 E_1 c_2}{A_2 E_2 c_1 + A_1 E_1 c_2} \sigma_i$$

$$\sigma_t = \frac{2 A_1 E_2 c_1}{A_2 E_2 c_1 + A_1 E_1 c_2} \sigma_i$$

(1.13)

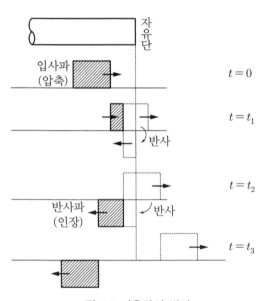

그림 1.5 자유단의 반사

식(1.13)에 의해

(i) 자유단의 경우: $A_2 = 0$, $E_2 = 0$이라면 $\sigma_r = -\sigma_i$가 된다.

따라서 압축파는 인장파로, 인장파는 압축파로 부호가 역전해서 반사한다

(그림 1.5). 두꺼운 판이 한쪽 면에 매우 강하게 압축펄스를 받은 경우 압축응력에서는 함몰 형태의 변형은 있지만 파단은 발생하지 않는다. 그러나 압축응력이 판 내부를 통과해 뒷면에 도달했을 때 인장파가 되어 반사되기 때문에 이로 인해 판 두께의 중앙부에서 균열이 발생해 파단이 발생하는 경우가 있다(그림 1.6 참조).

또한 이로 인해 충격을 받은 반대 부분이 파괴되어 날아가는 일이 발생한다. 이는 배면파쇄scabbing 또는 스폴링spalling이라고 하는 충격 특유의 이면 박리현상이며 정역학에서는 설명이 불가능하다(그림 1.7 참조).

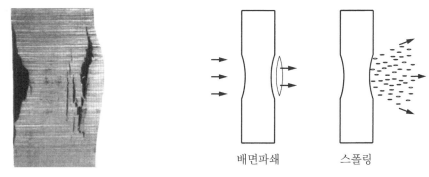

그림 1.6 고속충돌로 판 내부에 발생한 균열　　　**그림 1.7 배면파쇄와 스폴링**

(ii) 강체벽의 경우: $A_2 = \infty$, $E_2 = \infty$로 가정하면 $\sigma_r = \sigma_i$가 된다. 따라서 입사파는 부호를 바꾸지 않고 그대로 반사하기 때문에 강체벽 부근에서는 입사파와 겹쳐 응력의 크기가 2배가 된다. 벽면에 고정된 일정 길이의 띠 모양의 물체를 끌어당겼을 때 인장을 가한 끝보다 고정된 벽에서 파단이 발생하는 현상은 이로써 설명된다. 제2차 세계대전 중 포탄이 떨어진 피탄점보다 멀리 떨어진 벽이 더 큰 피해를 입는 경우가 있었는데, 이것이 응력파를 연구하기 시작한 주요 계기 중 하나라고 한다.

1.2.5 보를 통과하는 탄성굴곡파

하중이 가해지지 않았을 때 x축을 길이방향으로 하는 직선보가 횡방향 충격을 받으면 휨변형 파로 변해 전파된다. 그림 1.8과 같이 휨변위를 w, 단면에 가하는 전단력, 휨모멘트를 F, M으로 표기하면 휨방향의 병진운동 방정식은 다음 식이 된다.

$$\rho A \frac{\partial^2 w}{\partial t^2} = \frac{\partial F}{\partial x}$$

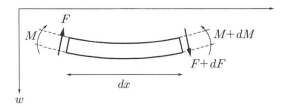

그림 1.8 휨을 받는 보

단, ρ, A는 밀도 및 단면적이다. 휨 w를 휨변형에 의한 w_b와 전단변형에 의한 w_s로 구별하면 $w = w_b + w_s$이며, 회전운동 방정식을 생각하면 다음 식이 된다.

$$\rho I \frac{\partial^2}{\partial t^2} \left(\frac{\partial w_b}{\partial x} \right) = F - \frac{\partial M}{\partial x}$$

단, I는 단면 2차 모멘트, M은 휨모멘트이며 다음과 같은 관계가 있다.

$$\frac{\partial^2 w_b}{\partial x^2} = - \frac{M}{EI}$$

한편, 전단력 F는 단면형상에 의해 결정되는 계수 α(티모센코Timoshenko 전단계수)를 이용하여 다음 식으로 나타낸다.

$$F = \alpha A G \frac{\partial w_s}{\partial x}$$

위 관계를 이용해 F, M을 삭제하고 w에 관한 식으로 정리하면 다음과 같은 식을 얻을 수 있다.

$$c_0{}^2 K^2 \frac{\partial^4 w}{\partial x^4} - K^2(1+\epsilon') \frac{\partial^4 w}{\partial x^2 \partial t^2} + \frac{K^2 \epsilon' \partial^4 w}{c_0{}^2 \partial t^4} + \frac{\partial^2 w}{\partial t^2} = 0 \qquad (1.14)$$

이것이 보의 전단변형과 회전관성을 고려한 티모센코보 이론이다. 단, $K^2 = I/A$, $\epsilon' = E/\alpha G = 2(1+\nu)/\alpha$이다. 식(1.14)에 진폭, 파동수, 각진동수가 각각 w_0, k, p인 조화파 $w = w_0 \sin(kx - pt)$를 대입하면 위상속도 $c_p = p/k$에 관한 다음 식을 얻을 수 있다.

$$c_p{}^2 = \frac{c_0{}^2}{2\epsilon'} \left\{ 1 + \epsilon' + \frac{1}{K^2 k^2} \pm \sqrt{\left(1 + \epsilon' + \frac{1}{K^2 k^2} \right)^2 - 4\epsilon'} \right\} \qquad (1.15)$$

식(1.15)는 파장을 Λ라 하면, $k = 2\pi/\Lambda$이므로 위상속도 c_p는 일정하지 않고, 파장에 따라 변화한다. 이것을 파의 분산성이라 하며 파의 모양이 전파에 따라 변화함을 나타낸다. 또한 제곱근 앞의 $\pm$부호 중 $-$에서 도출되는 위상속도 c_p를 모드 1, $+$에서 도출되는 위상속도를 모드 2라고 하면 각각의 k에 대한 변화는 그림 1.9로 나타낼 수 있다($\nu = 0.33$, $\alpha = 10/9$인 경우). 또한 파수 $k \to \infty$(파장 $\Lambda \to 0$)일 때, c_p는 각각 $c_2\sqrt{\alpha}$와 c_0에 가까워진다는 것을 알 수 있다.

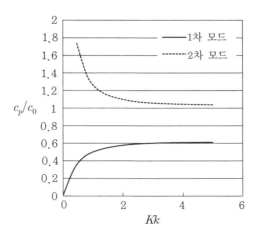

그림 1.9 티모센코보 이론에 의한 파동수와 위상속도의 관계

지금까지 서술한 보의 휨파 이론은 축력이 작용하지 않는 경우이며 축력이 작용하는 경우에 대해서는 다음에 서술될 1.3.3절을 참조하기 바란다.

1.3 소성파

1.2절에서는 탄성 범위 내의 파동에 대한 몇 가지 경우를 설명했다. 작용하는 충격력이 커지면 당연히 소성변형이 발생한다. 이어서 소성변형을 포함한 경우 파동에 대해 서술해보자.

1.3.1 봉을 통과하는 세로 충격에 의한 소성파

봉의 한쪽 끝에 종방향 충격이 가해지는 경우의 운동방정식은 식 (1.8a)다. 가해지는 충격의 강도가 탄성 범위를 초과하면 소성변형을 일으켜 응력이나 변형은 탄소성파가 되어 전파한다. 이 현상에 대해서는 제2차 세계대전 중 Kármán, Taylor, Rakhmatulin에 의해 각각 독자적으로 연구되었다. 다음으로는 칼만Kármán에 의한 이론[12]을 소개한다.

탄성 범위를 초과하면 응력과 변형률의 관계는 더 이상 후크의 법칙으로 나타낼 수 없으나, 응력이 변형률속도에 의존하지 않고, 변형률만의 함수라면 $\sigma = \sigma(\epsilon)$로 표기할 수 있다. 이를 식(1.8a)에 이용하면 식(1.8b) 대신 다음 식이 된다.

$$\rho \frac{\partial^2 u}{\partial t^2} = \frac{d\sigma}{d\epsilon} \frac{\partial^2 u}{\partial x^2} \tag{1.16a}$$

$d\sigma/d\epsilon$는 응력−변형률 곡선의 접선 기울기이며 이것도 변형률 ϵ 함수이므로 $d\sigma/d\epsilon = S(\epsilon)$로 표기하면 식(1.16a)는 다음과 같이 표기할 수 있다.

$$\rho \frac{\partial^2 u}{\partial t^2} = S \frac{\partial^2 u}{\partial x^2} \tag{1.16b}$$

탄성 범위에서는 물론 $S = E$다. 식(1.16b)를 식(1.8b)와 비교하면 식(1.8b)의 $c_0{}^2$ 대신 S/ρ라는 것을 알 수 있다. c_0는 탄성파속도 $\sqrt{E/\rho}$에서 변형률의 크기에 의존하지 않고 일정한 것에 반해 $\sqrt{S/\rho}$는 ϵ의 함수이다. $x = 0$의 단면을 시간 $t \geq 0$에서 속도 $V_1(< 0)$로 계속 끌어당기는 경우를 가정한다. 이때 다음 두 가지 형태를 생각해보자.

（ⅰ） $u = V_1 t + \epsilon_1 x$

（ⅱ） $S/\rho = x^2/t^2$

（ⅰ）의 u를 식(1.16b)에 대입하면 이를 만족한다는 것을 알 수 있다.
（ⅱ）는 $x/t = \sqrt{S/\rho} \equiv \beta$라고 하면 β는 ϵ의 함수이므로, 반대로 $\epsilon = f(\beta)$라고 할 수 있고, $x = \infty$에서 $\epsilon = 0$을 고려하면 변위 u는 다음과 같이 표기할 수 있다.

$$u = \int_{\infty}^{x} \frac{\partial u}{\partial x} dx = t \int_{\infty}^{\beta} f(\beta) d\beta \tag{1.17}$$

이를 식(1.16b)에 대입해서 계산하면, 식(1.16b)를 만족함을 증명할 수 있다. 결국 조건 (i), (ii) 모두 식(1.16b)의 해라는 것을 알 수 있다. (i)는 속도 V_1로 이동하는 크기 ϵ_1의 일정 변형률의 영역을 나타내고, $x = 0$의 경계조건을 충족하므로 충격단을 포함한 영역의 해이다. (ii)는 $x = t\sqrt{S/\rho}$로 치환하면 알 수 있듯이 크기 ϵ의 변형률이 ϵ에 의해 결정되는 속도 $\sqrt{S/\rho}$로 통과하는 영역을 나타내고 있다.

소성파선단과 충격단($x = 0$) 사이에서 변형률과 응력, 입자속도도 일정해지는데, 이 영역은 플래토plateau라고 부른다. 이를 도식화하면 그림 1.10과 같다.

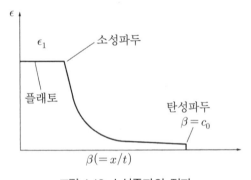

그림 1.10 소성종파의 전파

선단은 $S = E$, 즉 $x = c_0 t$로 탄성파선단이다. (i)과 (ii)의 경계는 소성파선단이라고 하는데 위에서 서술한 바와 같이 앞 영역에도 소성파가 전달되는 것을 알 수 있다. 특별히 응력–변형률 곡선이 그림 1.11(a)와 같이 소성역에서 기울기가 일정한 직선 2개로 나타내면, 파형은 탄성파선단 $c_0 t$와 소성파선단 βt 2단계 파가 된다.

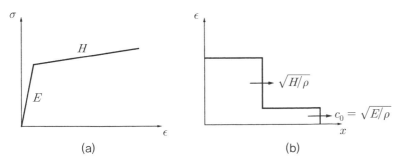

그림 1.11 두 직선으로 나타낸 탄소성체의 종파

(ii) 영역의 일정 비틀림의 크기 ϵ_1과 가해진 충격속도의 크기 V_1의 관계는 다음과 같이 도출할 수 있다. 단면의 변위는 $u = (0, t) = V_1 t$이며, 식 (1.17)에서 $u(0, t) = -t \int_0^\infty f(\beta) d\beta$이므로 이 두 식을 비교하면 다음과 같이 된다.

$$V_1 = -\int_0^\infty f(\beta) d\beta = -\int_0^\infty \epsilon(\beta) d\beta$$

우변의 적분은 그림 1.11(b)의 파형 내 면적을 나타내고 있으므로 이를 가로축에 관한 적분에서 세로축에 관한 적분으로 변환하면 다음의 관계를 도출할 수 있다.

$$V_1 = -\int_0^{\epsilon_1} \beta d\epsilon = -\int_0^{\epsilon_1} \sqrt{(d\sigma/d\varepsilon)/\rho}\, d\epsilon \tag{1.18}$$

만일 재료가 일정 변형률 ϵ_{cr}에 도달하여 파단이 발생한다고 하면, 식 (1.18)의 우변 ϵ_1를 ϵ_{cr}로 두어서 결정되는 속도 V_{cr}로 충격을 가했을 경우, 충격단 부근에서 파단이 발생하며, 이 속도를 임계파단 속도라고 한다.

1.3.2 횡방향충격을 받아 보를 통과하는 소성힌지

보에 가해지는 충격의 강도가 탄성영역을 초과하면 소성변형을 일으키는 파가 되어 전파된다. 일반적으로는 탄소성 문제로 취급해야 하지만 소성변형이 크고 탄성변형이 무시할 수 있을 정도로 작을 경우에는 소성휨에 의한 변형률에 주목하여 현상을 분석하는 방법[7]이 사용된다.

그림 1.12와 같이 한쪽 끝이 벽에 고정된 길이가 l인 보의 자유단에 하중 P가 작용하는 경우를 생각해보자.

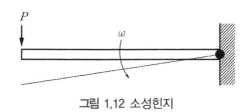

그림 1.12 소성힌지

잘 알려진 대로 휨모멘트는 자유단에서 0이고, 고정단에서 최대치 Pl이 되며, 중간부에서는 0과 Pl의 중간값이다. 휨모멘트에 의한 단면 내의 응력분포는 중립축으로 0이며, 탄성체는 직선적으로 중립축으로부터의 거리 y에 비례하여(그림 1.13(a)) 탄완전소성체(항복점 Y)에서 항복점 이내는 직선분포, 그 이상은 일정값 Y가 되며(그림 1.13(b)), 완전소성체에서는 전면항복하여 중립선 상부에서는 $-Y$, 하부에서는 $+Y$가 된다(그림 1.13(c)).

그림 1.13(c)에서 휨모멘트 M_p를 전소성모멘트full plastic bending moment라고 하며, 이때 보 단면높이가 h, 폭이 b인 경우 M_p는 다음과 같이 직사각형이 된다.

$$M_p = bh^2 Y/4 \tag{1.19}$$

소성힌지의 개념으로는 최대 휨모멘트(그림에서 고정단 모멘트)가 M_p에 이르렀을 때 소성붕괴가 시작될 것으로 생각된다. 따라서 그림에서 $M_p = Pl$로 소성붕괴가 시작되고 보는 소성힌지(고정단)를 중심으로 강체가 회전한다.

하중 P 대신 질량 M인 물체가 속도 V_0로 충돌한 경우 충돌점의 변위를 Δ라고 하면, 충돌 물체의 운동에너지 $MV_0^2/2$가 소성 휨 에너지 $M_p\Delta/l$에 의해 소비되므로 다음과 같이 된다.

$$\Delta = MV_0^2 l/2M_p$$

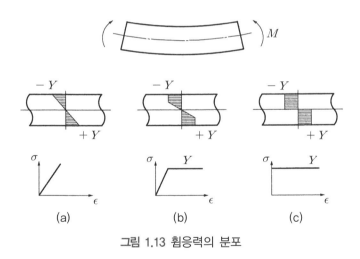

그림 1.13 휨응력의 분포

그러나 이는 충돌하는 물체의 질량 M에 비해 보의 질량이 충분히 작은 경우이며, 그렇지 않은 경우 보 자체의 관성을 고려할 필요가 있다. 이 경우 소성힌지의 위치가 이동하게 된다. 이어서 이 경우에 대해서 설명하겠다.[13]

길이가 l인 보가 A점에 고정되어 자유단 C점에 질량이 M인 물체가 속도 V_0로 충돌하는 경우를 생각해보자(그림 1.14).

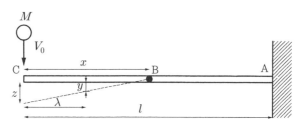

그림 1.14 횡충격을 받는 보와 이동하는 소성힌지

충돌 후 시간 t가 경과했을 때 소성힌지는 B점 그리고 C에서 x까지의 거리에 있다고 가정한다. 소성힌지가 고정단인 A점이 아닌 중간점 B인 이유는 다음과 같이 생각하면 명백해진다. 만일 충돌한 순간에 A점에 소성힌지가 발생했다면 회전운동량이 순간적으로 0에서 유한치가 되기 때문에 무한대의 힘이 필요하다. 그런 일은 불가능하므로 소성힌지는 C점에서 발생하여 유한속도로 A점을 향해 이동하게 된다. 따라서 시각 t일 때 AB 부분은 아직 정지한 상태이며, BC 부분은 힌지점 B를 중심으로 회전한다. C점의 휨처짐을 z, 중간점(C점에서 거리 λ)의 휨처짐을 y라고 한다. 굴곡 부분의 BC는 정확히는 직선이 아닌 곡선이지만 직선과 근사할 경우 C점의 속도는 $\dot{z}$이므로, $\dot{y} = (x-\lambda)\dot{z}/x$이다. 충돌점의 작용－반작용을 생각하면 보의 가속에 필요한 힘은 질량 M을 감속하는 힘과 같으므로 보의 단위길이당 질량을 m이라고 하면 다음과 같다.

$$M\ddot{z} + \int_0^x m\frac{d}{dt}\left(\frac{x-\lambda}{x}\dot{z}\right)d\lambda = 0$$

2항의 적분을 실행하면

$$M\ddot{z} + m\left(\frac{x\ddot{z}}{2} + \frac{\dot{x}\dot{z}}{2}\right) = 0 \qquad (1.20)$$

회전 운동에 대해서도 똑같이 가정하면

$$M_p + \int_0^x m\frac{d}{dt}\left(\frac{x-\lambda}{x}\dot{z}\right)\lambda d\lambda = 0$$

이것도 적분을 실행하면

$$M_p = m\left(\frac{x^2\ddot{z}}{6} + \frac{x\dot{x}\dot{z}}{3}\right) \qquad (1.21)$$

식(1.20), (1.21)에서 괄호에 대해 적분하면, C점의 휨속도로서 다음 식을 얻는다.

$$\dot{z} = \frac{V_0}{1 + \dfrac{mx}{2M}} \qquad (1.22)$$

또한 소성힌지의 이동속도로 다음 식(1.23)을 얻을 수 있다.

$$\dot{x} = \frac{6M_p}{mlV_0}\frac{(1+\beta\mu)^2}{\mu(2+\beta\mu)} \qquad (1.23)$$

단, $\mu = x/l$, $\beta = ml/2M$이다.

이상으로 외팔보의 경우를 예로 들어 이동하는 소성힌지의 개념을 소개했는데, 이 개념은 보와 판의 휨에 대해서도 적용할 수 있다. 이에 대해서는 문헌[7]에 자세히 설명되어 있다.

1.3.3 장력이 작용하는 보와 현에서 횡방향 충격파(현파)

앞에서 보와 판에 횡방향 충격을 가했을 때 발생하는 소성 휨에 의한 파에 대해서 기술했는데, 만일 보의 양 끝이 벽에 고정되어 있는 경우 변형에 의해 보에 장력이 발생하게 된다. 보 두께가 얇고 휨 강성이 작은 경우에는 장력의 영향이 크게 나타난다. 이러한 경우에는 현이론을 적용해야 한다.

x축 방향으로 놓인 현이 y방향으로 충격을 받아 처지는 경우를 보자. 띠는 사전에 장력을 받고 있어도 상관없으나 굴곡은 없다고 가정한다. 굴곡 상태에서 미소요소가 그림 1.15와 같이 각도 ψ만큼 기울어진 상태의 인장응력을 σ라고 한다. x, y방향 변위를 u, v, 밀도를 ρ라고 하면 각 방향의 운동방정식은 다음 식이 된다.

$$\rho\frac{\partial^2 u}{\partial t^2} = \frac{\partial}{\partial x}(\sigma\cos\psi) \tag{1.24}$$

$$\rho\frac{\partial^2 v}{\partial t^2} = \frac{\partial}{\partial x}(\sigma\sin\psi) \tag{1.25}$$

또한 재료 변형 전과 변형 후의 증가폭을 길이 비율 λ로 표기하면 다음 관계가 성립한다.

$$\frac{\partial u}{\partial x} = \lambda\cos\psi - 1 \tag{1.26}$$

$$\frac{\partial v}{\partial x} = \lambda \sin\psi \qquad\qquad (1.27)$$

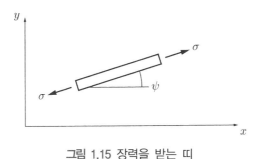

그림 1.15 장력을 받는 띠

만일 $\psi = 0$일 경우, 식(1.24)에 식(1.26)을 더하면 1차원 종방향 파의 파동방정식이 된다. 또한 증가폭이 무시할 수 있을 정도로 작고($\lambda \cong 1$), 인장응력 σ가 일정한 경우, 식(1.25)에 식(1.27)을 더하면 다음과 같이 된다.

$$\rho\frac{\partial^2 v}{\partial t^2} = \rho\frac{\partial^2 v}{\partial x^2}$$

이것이 잘 알려진 현의 횡방향 파 방정식이며, 그 전파속도는 $\sqrt{\sigma/\rho}$이다. 이때 굴곡은 소성변형을 일으킬 정도로 크므로 인장응력 σ는 λ의 비선형 함수로서 구성식 $\sigma = \sigma(\lambda)$로 표기하기로 한다. 지면 관계상 자세한 내용은 생략하니, 식(1.24)~(1.27)과 구성식을 연립하면 이하의 4가지 특성곡선의 존재를 확인할 수 있다.[1], [14], [15]

$$\frac{dx}{dt} = \pm\sqrt{\frac{1}{\rho}\left(\frac{d\sigma}{d\lambda}\right)} = c(\lambda), \quad \frac{dx}{dt} = \pm\sqrt{\sigma/\rho\lambda} = \bar{c} \qquad (1.28)$$

앞서 설명한 바와 같이 1식 파동은 종파이고, 2식 파동은 횡파(굴곡파)를 나타낸다. 보통 $d\sigma/d\lambda > \sigma/\lambda$이므로, 종파 $c(\lambda)$가 굴곡파 $\bar{c}$보다 빠르다. $c(\lambda)$는 변형률(λ)에 따라 변화하지만 탄성 범위에서는 c_0이며, 소성역에서는 λ가 커질수록 느려진다. 이는 1.3.1의 소성 종방향 파 이론에 그대로 들어맞는다. $c(\lambda) > \bar{c}$이므로 굴곡파의 파선두는 1.3.1의 플래토 내에 있다. 따라서 이 부분의 장력은 충격의 강도에 의해 결정되어 일정한 크기가 된다. 이를 고려하면 그림 1.16과 같이 x축을 따라 초기 신축 λ_0으로 펴진 현 $x=0$에 y방향으로 일정속도 V_0인 횡방향 충격이 가해질 경우, 파의 전파 양상은 다음과 같다($x=0$은 좌우대칭이므로, $x \geq 0$만 표기한다).

(i) $x > c_0 t$: 어떤 파도 도달하지 못하게 된다.

정지된 상태로 $v_1 = v_2 = \psi = 0$, $\lambda = \lambda_0$

(ii) $c(\lambda_2)t < x \leq ct$: 탄성파선두와 소성파선두 사이

$$v_1 = -\int_{\lambda_0}^{\lambda} c(\lambda)d\lambda, \ v_2 = \psi = 0, \ \lambda_0 \leq \lambda < \lambda_2$$

(iii) $\bar{c}t < x \leq c(\lambda_2)t$: 소성파선두와 굴곡파선두 사이, 플래토의 일부를 포함한다.

$$v_1 = -\int_{\lambda_0}^{\lambda_2} c(\lambda)d\lambda, \ v_2 = \psi = 0, \ \lambda = \lambda_2$$

(iv) $0 \leq x \leq \bar{c}t$: 굴곡파선두 내측, 기울기 $\psi =$ 일정

$$v_1 = -\int_{\lambda_0}^{\lambda_2} c(\lambda)d\lambda, \ V_0^2 = -2\lambda_2\bar{c}v_1 - v_1^2, \ \tan\psi = \frac{-V_0}{v_1 + \lambda_2\bar{c}}$$

단, v_1, v_2는 띠의 길이방향 및 직각방향의 입자속도이며, 이것을 도식화하면 그림 1.16이 된다.

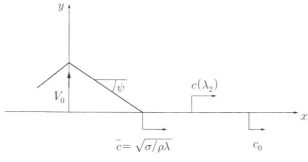

그림 1.16 현을 통과하는 파동

그림 1.17은 얇은 알루미늄 현(=0.3mm)에 쇠공을 37m/s의 속도로 충돌시켰을 때의 휨파의 전파 모양을 $100\mu s$ 간격으로 촬영한 것이다. 이 그림에서 휨파의 전파속도는 약 200m/s임을 알 수 있다.

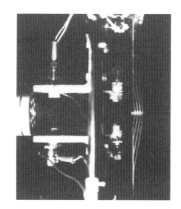

그림 1.17 횡충격을 받는 알루미늄 현

1.3.4 평판충격(일축변형 종충격)

1.3.1에서 봉을 통과하는 탄소성파에 대해 설명했다. 반지름 방향으로 입자가 운동할 때 관성은 무시하고, 반지름 방향으로는 응력이 작용하지 않는 단축응력 상태인 1차원 문제로 취급했다. 같은 1차원 문제에서도 반대로 횡방향 변위가 구속받는 단축변형 상태도 있으며 이는 보통 평판

충격 실험에서 대부분 실현되는 상태이다. 두께가 얇은 평판을 고속으로 충돌시켰을 때 파동이 판의 두께방향을 왕복하는 아주 짧은 시간에 입자는 두께방향으로만 운동할 뿐 넓이방향으로 움직일 시간적 여유가 없다. 이 때문에 판 넓이단면 부근의 일부를 제외한 판의 대부분에서 입자의 넓이방향으로의 움직임이 구속된 단축변형 상태가 된다. 반대로 넓이방향의 응력은 0이 아닌 3축응력 상태이며, 봉을 통과하는 파동이 단축응력 상태인 경우와는 완전히 반대인 상태이다(단, 봉의 경우도 충격직후의 충격단 부근의 상태는 같은 상태이다).

관측 시간은 얇은 판 두께를 파동이 통과하는 아주 짧은 시간으로 한정되지만, 고응력 레벨, 고변형속도가 실현되므로, 이러한 상태에서의 물성치를 구하는 실험이나 충격파 연구에 이 방법을 이용한다. 이때 단축변형 상태에서의 응력-변형 관계를 살펴보면 다음과 같다.

판의 두께방향을 1, 넓이방향을 2, 3으로 적으면 대칭성에 의해, 응력도 비틀림도 2축, 3축 성분은 같으며($\sigma_2 = \sigma_3$, $\epsilon_2 = \epsilon_3$, …), 다음 예와 같이 변형 경로가 비례하는 경우에는 전변형 이론이 성립하며, 변형 성분은 탄성변형 ϵ^e와 소성변형 ϵ^p의 합이므로 다음과 같으며,

$$\epsilon_1 = \epsilon_1^e + \epsilon_1^p, \quad \epsilon_2 = \epsilon_2^e + \epsilon_2^p, \quad \epsilon_3 = \epsilon_3^e + \epsilon_3^p \tag{1.29}$$

응력성분과 탄성변형성분 사이에는 다음 관계가 성립한다.

$$\epsilon_1^e = \frac{1}{E}\{\sigma_1 - \nu(\sigma_2 + \sigma_3)\} = \frac{1}{E}(\sigma_1 - 2\nu\sigma_2)$$

$$\epsilon_2^e = \frac{1}{E}\{\sigma_2 - \nu(\sigma_1 + \sigma_3)\} = \frac{1}{E}\{(1-\nu)\sigma_2 - \nu\sigma_1\}$$

$$\tag{1.30}$$

탄성 범위 내의 일축변형상태에서, $\epsilon_2^e = 0$과 앞의 2식에 의해 응력과 변형률의 관계는 다음과 같이 되어,

$$\sigma_1 = \frac{(1-\nu)E}{(1+\nu)(1-2\nu)}\epsilon_1 \tag{1.31}$$

일축응력상태의 기울기 E보다 $(1-\nu)/(1+\nu)(1-2\nu)$배만큼 커진다. 또한, 소성역에서는 단축변형 조건 $\epsilon_2 = \epsilon_3 = 0$과 $\epsilon_1^p + \epsilon_2^p + \epsilon_3^p = 0$에 의해 다음 식이 성립하며,

$$\epsilon_1^p = 2\epsilon_2^e \tag{1.32}$$

압축응력을 바르게 기록하면 항복조건은 트레스카Tresca 항복조건과 마이세스Mises 항복조건 모두 다음 식과 같으므로,

$$\sigma_1 - \sigma_2 = Y \tag{1.33}$$

식(1.30)의 제2식으로부터 다음 관계를 얻을 수 있다.

$$\epsilon_2^e = \frac{1}{E}\{(1-2\nu)\sigma_1 - (1-\nu)Y\}$$

또한 식(1.29), (1.32)로부터 $\varepsilon_1 = \{3(1-2\nu)/E\}(\sigma_1 - 2\,Y/3)$을 얻고, $E/3(1-2\nu) = K$(체적탄성계수)이므로 판 두께방향의 응력–변형률 관계는 다음 식과 같이 된다.

$$\sigma_1 = K\epsilon_1 + \frac{2}{3}Y \tag{1.34}$$

따라서 소성영역에서 일축응력상태에서는 가공경화하지 않는(Y가 ϵ에 상관없이 일정한) 재료라고 하더라도 단축변형상태에서는 응력-변형률 곡선의 기울기는 K값을 나타내게 된다. 식(1.34)는 일축변형상태에서의 응력은 정수압에서의 체적압축응력과 $2Y/3$의 합을 나타내는데, 고압력에서는 2항의 $2Y/3$은 1항에 비해 작아지므로 1항의 정수압과 체적변형 관계 $p = f(\Delta V/V)$가 큰 의미를 갖는다. 그리고 체적탄성률은 고압력에서는 응력과 상관없고 일정하지 않으며, 오히려 기울기가 증가하는 경향을 보인다. 이 관계를 유고니오^{Hugoniot} 곡선이라 부르며, 고압력 상태의 재료 구성식으로서 중요한 연구 대상이다. 이러한 관계를 도식화하면 그림 1.18과 같다.

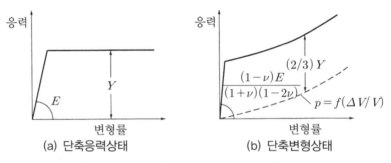

그림 1.18 단축응력상태와 단축변형상태의 응력-변형 그래프의 비교

(a)는 단축응력 상태에서 가공경화하지 않는(항복응력인 Y가 일정) 완전탄소성체의 응력-변형률 관계를 나타낸다. 이에 반해 같은 재료라도 일축변형상태에서는 (b)와 같은 소성영역에서 정수압 응력-변형률 관계(점선)에 $2Y/3$을 가산한 관계이며 보통 기울기는 응력과 함께 증가하므로 볼록곡선이 된다.

이것을 소성파 전파로 보면, 봉을 통과하는 소성파와는 반대로 응력 레벨이 높은 쪽이 전파 속도가 빨라지는 것을 의미하며, 그림 1.10의 소성파선두는 급격한 출발의 충격파를 형성하게 된다. 평판충격이 유고니오 곡선 연구와 충격파 연구를 위해 행해지는 것은 이러한 이유 때문이다. 충격파에 대한 자세한 설명은 다른 문헌[10]에 서술한다.

1.4 동적 문제에서 파동전파의 해석이 항상 필요한가

1장에서는 가장 단순한 구조부재인 봉, 보, 현 등을 통과하는 1차원 파동현상을 중심으로 재료 구성식이 속도에 의존하지 않는 단순한 경우에 한하여 충격 현상을 설명했다. 2·3차원의 보다 복잡한 파동 해석은 각종 전산 해석 프로그램으로 가능하며, 경우에 따라 변형률속도의 영향에 관한 재료의 특성을 넣은 보다 정밀한 계산도 필요하다. 그러나 다른 한편으로는 동적인 현상에서는 항상 파동전파를 고려한 계산이 필요한가 한다면 경우에 따라 거기까지 생각하지 않아도 충분히 현상을 파악할 수 있는 경우도 있다. 마지막으로 그 차이에 대해 언급해두자.

그림 1.19(a)와 같이 한쪽 끝이 벽에 고정된 봉 또는 와이어(질량, 길이, 단면적, 종탄성률은 각각 m_1, L, A, E로 표시)에 질량 m_2인 강체가 충돌하는 경우를 생각해보자.

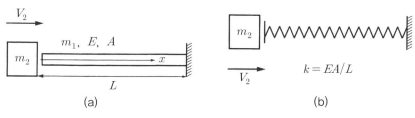

그림 1.19 강체가 충돌하는 탄성봉

이 경우 봉 내부에서 발생하는 응력을 정확하게 알기 위해서는 1.2.4의 식 (1.12)와 같이 충돌에 의해 발생한 응력 $-EV_2/c_0$가 봉 내부를 통과해 벽과 강체 사이에서 파 반사를 반복하면서 통과하는 과정을 순차적으로 따라가야 한다. 그 결과 시간과 장소에 따라 응력이 변화하는데 그중에서 최대 응력 σ_{max}뿐인 $-EV_2/c_0$에 대한 비율을 질량비 m_2/m_1을 나타낸 예가 그림 1.20의 실선이다.[1], [16]

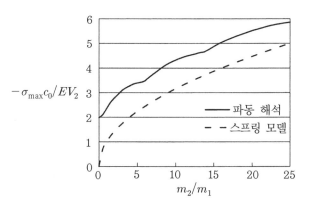

그림 1.20 강체가 충돌하는 봉 내부의 최대응력과 스프링 모델의 비교[1], [16]

이 계산 과정은 상당히 복잡하다. 그러나 재료역학 등 일부 교과서에서는 그림 1.19(b)와 같이 봉을 스프링 정수 $k = EA/L$의 스프링으로 간주하여 파를 무시하고 계산하는 방법이 제시된다. 이 방법을 이용하여 강체의 운동에너지를 스프링의 굴곡에너지로 변화시켜 쉽게 다음 식을 얻을 수 있다.

$$\sigma_{max} = - (EV_2/c_0) \sqrt{m_2/m_1} \tag{1.35}$$

그림 1.20의 점선은 식(1.35)를 나타낸 것이다. 양쪽을 비교하면 스프링 모델에 의한 응력은 항상 파동 해석에 의한 최대응력보다 작으며, 특히 질량비가 작을수록 그 차이는 커진다. 그러나 질량비가 큰 경우(즉, 하중 시

간이 긴 경우) 스프링 모델에 근사할 수 있다. 또 다른 예로 그림 1.21과 같이 양 끝이 고정된 길이 L의 와이어(전파속도 c_0)의 중앙에 일정속도 V로 횡충격이 작용하는 경우를 생각해보자.

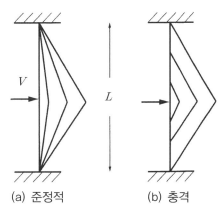

(a) 준정적   (b) 충격

그림 1.21 띠 굴곡의 전파

하중의 충격이 클 경우 휨은 앞에서 설명한 그림 1.16, 그림 1.17로 나타냈지만, (b)와 같이 저각이 일정한 상태로 휨이 전파된다.

한편 하중이 느리고 준정적인 경우, (a)와 같이 처음부터 전장이 굴곡져, 저각이 서서히 증가하는 형태로 변형이 진행된다. 이처럼 하중속도가 저속인 경우 준정적으로 간주하면 되지만 고속인 경우는 파의 전파를 생각하지 않으면 안 된다. 그렇다면 고속과 저속의 기준을 어디에 두면 좋을까. 동적(준정적)이 아닌 파동을 고려해서 취급해야 하는 경우는 다음과 같은 경우이다.

(1) 문제가 되는 현상이 발생하는 시간 t가 물체 내부를 파동이 통과하여 왕복하는 데 소요되는 시간과 비슷한 경우, 즉 $t \le (L/c)$의 몇 배 이내인 경우

(2) 속도가 불연속이 발생하기 시작하는 각도가 예리한(시작 시간 Δt 가 물체 내부를 통과하는 시간에 비해 짧은) 경우, 즉 $\Delta t \le L/c$ 인 경우

(3) 속도의 불연속으로 인해 발행하는 응력이나 변형의 크기가 문제가 되는 기준치에 비해 무시할 수 없는 경우. 즉, $\rho c \Delta EV \ge \sigma_0$ 혹은 $\Delta V/c \ge \epsilon_0$인 경우. 이때 σ_0, ϵ_0은 기준이 되는 크기이다.

위의 경우에 해당하지 않는 경우는 파를 고려하지 않고 단순히 동적(준정적)인 문제로 취급해도 크게 문제가 되지 않는다.

▌참고문헌

[1] W. Goldsmith : Impact, Edward Arnold, London (1960) (復刻版 Dover, (2001))

[2] H. Kolsky : Stress Waves in Solids, Dover, New York (1963)

[3] N. Cristescu: Dynarnic Plasticity, North-Holland (1967) (黒崎永治訳 : 衝撃塑性学, コロナ社 (1970))

[4] W. Johnson : Impact Strength of Materials, Edward Arnold, London (1972)

[5] K.F. Graff : Wave Motion in Elastic Solids, Oxford University Press, Oxford (1975) (復刻版 Dover, (1991))

[6] J. Zukas, et al. : Impact Dynamics, John Wiley & Sons, New York (1982)

[7] N. Jones : Structural Impact, Cambridge University Press, Cambridge (1988)

[8] 林卓夫, 田中吉之助編 : 衝撃工学, 日刊工業新聞社 (1988)

[9] 日本機械学会編 : 衝撃破壊工学, 技報堂出版 (1990)

[10] J. Zukas (Editor) : High Velocity Impact Dynamics, John Wiley & Sons, New York (1990)

[11] W. J. Stronge : Impact Mechanics, Cambridge University Press, Cambridge (2001)

[12] T. von Kármán and P. Duwez: J. Appl. Phys., 21 (1950), 987－994

[13] E.W. Parkes : Proc. Roy. Soc., Series A, 228 (1955), 462－476

[14] T. Nicholas : Elastic-plastic Stress Waves, Impact Dynamics, (文獻 [6]), 143－146

[15] F.O. Ringleb : J. Appl. Mech., 24 (1957), 417－425

[16] St. Venant, M. and A. Flamant : Comptes Rendus des Séances de l'Académie des Sciences, 97 (1883) 281－290

제2장

충격실험법의
기초와 실제

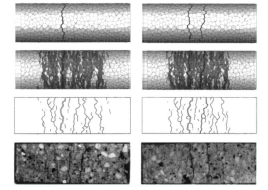

❙ 앞의 그림

직접 인장 시험의 일종인 spalling test에 대한 수치해석 결과와 실험 결과 비교

* Hwang, Y. K., Bolander, J. E., & Lim, Y. M. (2020). Evaluation of dynamic tensile strength of concrete using lattice-based simulations of spalling tests. *International Journal of Fracture, 221*(2), 191-209.

충격실험법의
기초와 실제

2.1 서 론

충격현상은 응력파 전파와 재료 특성이 관련된 복잡한 현상이다. 그러나 역학적으로 명확하게 다룰 수 있는 파 전파에 비해 재료의 구성식에 대해서는 여전히 명확하지 않으며, 각 재료의 특성을 확정하기 위한 충격실험법 개발과 실험의 유효성 검증은 충격 문제를 다룰 때 가장 기본적인 요청 중 하나이다. 표 2.1에 다양한 실험기로 실현 가능한 변형률속도가 기술되어 있는데, 일반적으로는 변형률속도 10^2s^{-1} 이상 실험을 충격실험으로 보고 있다. 충격실험에서는 응력파 전파를 고려하여 응력과 변형률, 변형률속도를 측정해야 하며, 목표 변형률속도 범위에 따라 다양한 실험 방법이 고안되었다. 폭굉(데토네이션)이나 초고속 충격현상을 제외하면 수송기가 충돌할 때 발생하는 변형률속도는 10^4s^{-1} 정도까지

나오는데, 이러한 변형률속도 범위의 충격실험법으로 응력, 변형률, 변형률속도가 탄성응력파를 파악하여 측정하는 스플릿홉킨슨압력봉SHPB법은 신뢰성과 범용성, 간편성을 두루 갖추고 있어 가장 범용적 실험 방법으로 알려져 있으며, 넓은 시험 대상에 다양한 하중 방식을 적용할 수 있는 실험법으로 응용되고 있다.

표 2.1 각종 실험법

변형률속도		실험 방법
압축시험	<0.1	재료 시험기
	$0.1 \sim 100$	고속유압 시험기
	$0.1 \sim 500$	기계식 고속압축시험 장치 낙추시험
	$200 \sim 10^4$	홉킨슨봉 시험법
	$10^3 \sim 10^5$	테일러 충격법
인장시험	<0.1	재료 시험기
	$0.1 \sim 100$	고속유압 시험기
	$100 \sim 10^3$	홉킨슨봉 시험법
	10^4	링 시험
	$>10^5$	비상판 실험법

그림 2.1은 실험원리에 입각하여 구별한 충격실험법이다. 충격실험에서는 항상 응력파를 파악해서 응력을 측정하지만 시편에 변형을 주는 수단이 다르다. SHPB법에서는 One-bar법이나 추낙하시험법, 직접홉킨슨실험법DHPB법에서는 타격봉으로 시편에 변형을 주고, Taylor 시험법이나 Plate Impact법에서는 시편 자체가 관성력에 의해 변형을 일으킨다. 이와 같이 SHPB법은 가장 기본적인 충격실험법이기 때문에, 이번 장에서는 SHPB법의 원리와 문제점, 응용 사례에 대해 설명하겠다.

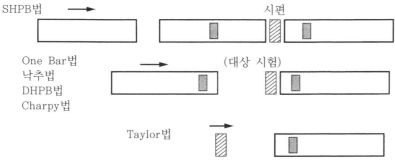

그림 2.1 응력파를 이용한 충격실험법

2.2 기초이론

2.2.1 스플릿홉킨슨압력봉실험법[1]-[3]

그림 2.2는 스플릿홉킨슨의 봉형 충격압축실험 장치이다. 타격봉, 입력봉, 출력봉을 축 위에 나란히 놓고 입력봉과 출력봉 사이에 시편을 설치한다. 타출장치에서 타출된 타격봉의 초기속도는 입력봉에 충돌하기 직전에 속도측정장치에서 계측된다. 여기에서 1차원 응력파 전파 이론을 근거로 그림의 라그랑지 좌표와 시간 $x-t$면의 종탄성파 이동을 생각해보자.

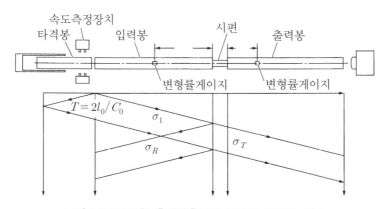

그림 2.2 SHPB형 충격압축실험 장치와 응력파 전파

시각 $t = 0$에서 타격봉이 초기속도 V_0로 입력봉에 충돌하면, 타격봉과 입력봉의 응력파 σ_0, σ_I가 종방향 탄성파 속도 c_0, c_1로 전파된다. 충돌면 양면에서 타격봉과 입력봉의 입자속도 v_0, v_I와 응력 σ_0, σ_I는 각각 다음 식과 같다.

$$v_0 = v_I = \frac{V_0}{\left(1 + \dfrac{\rho_1 c_1 A_1}{\rho_0 c_0 A_0}\right)}$$

$$\sigma_0 = \frac{A_1}{A_0} \frac{\rho_1 c_1 V_0}{\left(1 + \dfrac{\rho_1 c_1 A_1}{\rho_0 c_0 A_0}\right)} \tag{2.1}$$

$$\sigma_I = \frac{\rho_1 c_1 V_0}{\left(1 + \dfrac{\rho_1 c_1 A_1}{\rho_0 c_0 A_0}\right)}$$

이때 A_0, A_1 ; ρ_0, ρ_1는 각각 타격봉과 입력봉의 단면적과 밀도이다.

$\rho_1 c_1 A_1$에 비해 $\rho_0 c_0 A_0$가 훨씬 클 경우 입자속도의 최대값 V_0를 얻을 수 있으나 타격봉과 입력봉의 지름과 재질이 같은 경우($\rho_0 c_0 A_0 = \rho_1 c_1 A_1$) 에는 입자속도 $V_0/2$의 응력파가 발생하게 된다. 타격봉 내부를 통과하는 응력파는 왼쪽 자유단에서 반사되어 이 반사파가 지나는 곳의 입자속도 v'_0는 다음과 같이 된다.

$$v'_0 = V_0 - \frac{2 V_0}{\left(1 + \dfrac{\rho_0 c_0 A_0}{\rho_1 c_1 A_1}\right)} \tag{2.2}$$

타격봉과 입력봉의 지름과 재질이 같은 경우 v'_0가 0이 되고 $\rho_0 c_0 A_0$가 $\rho_1 c_1 A_1$보다 작을 경우, v'_0가 마이너스가 되므로 어느 경우든 이 반사파가 처음 충돌면으로 돌아올 때까지 입력봉에서는 지속 시간 $T = 2cl_0/c_0$ (타격봉 길이 l_0)로 일정한 응력 입사파가 전파되게 된다. $\rho_0 c_0 A_0$가 $\rho_1 c_1 A_1$보다 클 경우에는 v'_0가 플러스가 되기 때문에 $T = 2l_0/c_0$보다 지속 시간이 긴 계단형으로 계속 저감하는 응력파 σ_I가 입사파로서 입력봉 내부를 통과하게 된다.

입력봉 내부를 통과한 입사파 σ_I는 시편 왼쪽 끝 면에 도달하면 일부가 시편으로 전달되고 나머지는 반사파 σ_T로 입력봉 왼쪽 방향으로 통과한다. 시편에 전달된 응력파는 소성변형을 일으키며 시편 오른쪽 끝에 도달하고 일부는 출력봉에 투과파 σ_T로 전달되며, 나머지는 시편 내부로 반사된다. 이 응력파는 시편 왼쪽 끝에 도달하면 다시 일부가 반사되고 나머지는 입력봉에 전달된다. 이와 같이 시편 내부를 반복적으로 이동하는 응력파(탄소성파)에 의해 소성변형이 진행되는 동시에, 시편의 소성변형에 의해 입력봉과 출력봉에 반사파와 투과파가 각각 탄성응력파로 전달된다. 입력봉 오른쪽 끝의 속도 V_1과 출력봉 왼쪽 끝 속도 V_2는 다음 식으로 주어진다.

$$V_1 = \frac{(\sigma_I - \sigma_R)}{\rho_1 c_1}, \quad V_2 = \frac{\sigma_T}{\rho_2 c_2} \qquad (2.3)$$

이때 c_2는 출력봉의 축방향 탄성파 속도이다.

시편의 평균 변형률속도 $\dot{\epsilon}$는 다음과 같이 나타낼 수 있다.

$$\dot{\epsilon} = \frac{(V_1 - V_2)}{L_0} = \frac{(\sigma_I - \sigma_R)}{\rho_1 c_1 L_0} - \frac{\sigma_T}{\rho_2 c_2 L_0} \qquad (2.4)$$

이때 L_0는 시편의 길이이다. 따라서 변형은 다음과 같이 나타낼 수 있다.

$$\epsilon = \int \dot{\epsilon} dt = \int \left(\frac{(\sigma_I - \sigma_R)}{\rho_1 c_1 L_0} - \frac{\sigma_T}{\rho_2 c_2 L_0} \right) dt \tag{2.5}$$

시편의 입사측과 투과측의 응력 σ_1, σ_2는 다음과 같이 주어진다.

$$\sigma_1 = \frac{(\sigma_I + \sigma_R) A_1}{A_T}, \quad \sigma_2 = \frac{\sigma_T A_2}{A_T} \tag{2.6}$$

이때 A_1, A_2, A_T는 각각 입력봉, 출력봉, 시편의 단면적이다. 따라서 시편 응력은 이들의 평균값을 이용하면 다음과 같이 주어진다.

$$\sigma = \frac{1}{2}(\sigma_1 + \sigma_2) = \frac{1}{2 A_T}((\sigma_I + \sigma_R) A_1 + \sigma_T A_2) \tag{2.7}$$

시편 양쪽의 힘이 같은 경우 시편의 변형률속도와 응력은 다음과 같이 입력파와 투과파를 이용해 나타낼 수 있다.

$$\begin{aligned}
\dot{\epsilon} &= \frac{2\sigma_I}{\rho_1 c_1 L_0} - \frac{\sigma_T}{L_0} \left(\frac{A_2}{A_1} \frac{1}{\rho_1 c_1} + \frac{1}{\rho_2 c_2} \right) \\
&= \frac{1}{\rho_1 c_1 L_0} \left(2\sigma_I - \sigma \left(1 + \frac{A_1}{A_2} \frac{\rho_1 c_1}{\rho_2 c_2} \right) \right)
\end{aligned} \tag{2.8}$$

$$\sigma = \sigma_T \frac{A_2}{A_T} \tag{2.9}$$

시편의 응력은 변형률이나 변형률속도에 의해 변화하므로 그 변화에 따라서 변형률속도도 변화하는 것을 알 수 있다. 이러한 변형률속도의 변화를 최소화하기 위해서는 $A_1 \rho_1 c_1 / A_2 \rho_2 c_2$가 작아지도록 출력봉의 재질과 단면적을 선택하면 된다. 일반적으로 사용되는 지름과 재질이 동일한 출력봉의 경우, 변형률속도는 다음 식이 된다.

$$\dot{\epsilon} = \frac{2\left(\sigma_I - \sigma_T\right)}{\rho_1 c_1 L_0} \qquad (2.10)$$

입력봉의 응력은 시편의 단면적 차이에 따라 3차원 분산효과 Pochhammer-Chree효과의 영향을 현저하게 받지만, 출력봉의 응력은 시편이 소성변형하기 때문에 쉽게 영향을 받지 않는다.[4] 그렇기 때문에 투과파를 이용해 시편의 변형속도와 응력을 구하는 식(2.8), (2.9)를 채용하는 경우가 많다.

응력파 σ_I, σ_R, σ_T는 입·출력봉 위의 한 점에서 각기 다른 시각에 관측된다. 따라서 입사측 응력과 입자속도를 구하려면, 탄성파 속도와 관측 위치의 관계를 고려하여 시간차를 두어 입사파와 반사파가 겹치게 만들어야 하며, 투과측 응력과 입자속도를 구하려면, 투과파를 입사파 시각에 적용해서 구해야 한다. 즉, 입·출력봉의 지름과 재질이 동일한 경우 변형률속도, 변형률, 응력은 다음과 같이 나타낼 수 있다.

$$\dot{\epsilon}(t) = \frac{\sigma_I\left(t - \dfrac{D_1}{c_1}\right) - \sigma_R\left(t + \dfrac{D_1}{c_1}\right) - \sigma_T\left(t + \dfrac{D_2}{c_1}\right)}{\rho_1 c_1 L_0}$$

$$\epsilon(t) = \int \frac{1}{\rho_1 c_1 L_0}\left\{\sigma_I\left(t - \frac{D_1}{c_1}\right) - \sigma_R\left(t + \frac{D_1}{c_1}\right) - \sigma_T\left(t + \frac{D_2}{c_1}\right)\right\}dt \qquad (2.11)$$

$$\sigma(t) = \frac{1}{2}\left\{\sigma_I\left(t - \frac{D_1}{c_1}\right) + \sigma_R\left(t + \frac{D_1}{c_1}\right) + \sigma_T\left(t + \frac{D_2}{c_1}\right)\right\}\frac{A_0}{A_T}$$

이때 D_1, D_2는 그림과 같이 각각 입력봉의 변형게이지에서 시편 단면까지의 거리와 출력봉의 변형 게이지에서 시편 단면까지의 거리이며, 시편 내부를 통과하는 응력파의 경과시간은 무시되었음에 주의해야 한다.

즉, 같은 시각에 시편 양쪽의 응력과 속도에 따라 시편의 변형상태를 측정하는 것이 SHPB법의 원리이므로 시편 양쪽에서 응력상태의 차이가 크더라도 입사파와 투과파의 발생시각을 일치시켜 식(2.11)을 사용해서는 안된다. 따라서 시편 내부를 통과하는 응력파의 통과시간이 무시할 수 없을 정도로 커지는 긴 시편의 이용은 피해야 하며, 이와 마찬가지로 응력파의 전파속도가 매우 작은 경우도 피해야 한다. 시편 길이를 짧게 설정할 수 있는 압축시험에서는 크게 문제 되지 않으나, 인장시험에서는 시편 길이에 주의해야 한다. 또한 시편과 응력봉의 접촉 상태나 연결 상태가 충분하지 않은 경우 아주 작은 틈에도 큰 시간차가 발생하므로 각별히 주의를 기울여야 한다.

시편 양쪽의 힘이 같을 때는 식(2.11)이 식(2.12)가 된다.

$$
\dot{\epsilon}(t) = \frac{2\left\{\sigma_I\left(t - \dfrac{D_1}{c_1}\right) - \sigma_T\left(t + \dfrac{D_2}{c_1}\right)\right\}}{\rho_1 c_1 L_0} = \frac{-2\sigma_R\left(t + \dfrac{D_1}{c_1}\right)}{\rho_1 c_1 L_0}
$$

$$
\epsilon(t) = \int \frac{2}{\rho_1 c_1 L_0}\left\{\sigma_I\left(t - \frac{D_1}{c_1}\right) - \sigma_T\left(t + \frac{D_2}{c_1}\right)\right\}dt \tag{2.12}
$$

$$
= -\int \frac{2}{\rho_1 c_1 L_0}\left\{\sigma_R\left(t + \frac{D_1}{c_1}\right)\right\}dt
$$

$$
\sigma(t) = \sigma_T\left(t + \frac{D_2}{c_1}\right)\frac{A_0}{A_T}
$$

일반적으로 응력파는 변형 게이지로 인식되어 직류 휘트스톤 브리지 회로에 의해 전압으로 변환된 후 증폭기로 증폭되어 고속 트랜전트 메모리에 기록된다. 강철이나 알루미늄의 탄성파 속도는 거의 5000m/s이므로 1m 정도의 타격봉을 이용하면 지속 시간 약 $400\mu s$인 충격 변형을 일으킬 수 있다. 일반적인 호일 변형 게이지를 이용하면 브릿지 출력이 수 mV에서 수십 mV가 되므로 증폭도 60dB, 응답 주파수 1MHz 정도의 차동 증폭기가 필요하며 트랜전트 메모리는 세로축 10bit, 샘플링 속도 1address/μs

정도의 사양이 바람직하다. 반도체 변형 게이지는 고출력을 얻을 수 있어 편리하지만 온도에 따른 게이지율 변화에 주의하여 신중하게 검토해야 한다. 식(2.11)을 보면 시간별로 변형률속도, 변형률, 응력이 요구되므로, 충격 변형 중의 응력-변형률-변형률속도의 관계를 얻을 수 있다. SHPB법에서 는 직접 시편에 하중을 가하지 않고 시편 한쪽 끝에 속도를 가하며, 시편 이 받는 하중이나 변형률속도는 역학적인 응답의 결과라는 사실에 주의해 야 한다. 이 때문에 시편뿐만 아니라 입·출력봉(응력봉)의 응답을 포함한 전체 변형 거동이 명확하게 규정되는 것이 매우 중요하다.

2.2.2 응력 변형의 계측 기술

SHPB법을 적용할 수 있는 조건으로는 다음 두 가지가 있다.

(1) 응력봉 및 시편이 1축 응력 상태일 것
(2) 시편 내부의 응력 변형 상태가 일정할 것

(1)의 경우, 응력봉 지름의 최소 10배 이상이 되는 입사파를 이용해야 하 며, 특히 고속 충격에서는 응력봉의 단면적을 줄이고, 너무 짧은 입력봉의 사용은 피해야 하는 등 주의를 요한다. 또한 시편의 1축 응력 상태를 만족 시키기 위해서는 압축시험의 단면 마찰이나 인장시험의 시편 어깨부로 인 한 제한을 최대한 줄이는 것이 중요하다.

응력파는 시편 단면에서 떨어진 위치에서 측정되기 때문에 응력파에서 발 생하는 작은 분산이나 감쇠에도 영향을 받으며, 이러한 영향을 고려하여 응력파를 해석해야 하는 경우도 있다. 시편의 응력값을 직접 조사하려면 피에조 압전 필름 PVDF를 사용하고, 시험 편 단면의 응력분포나 시편의 접촉, 연결 상태를 가시적으로 파악하려면 프레스케일 등의 감압지를 이

용하는 것도 효과적이다.[6]

(2)의 경우, 시편 양 끝의 응력이 일치해야 하며 시편의 가속도항은 무시해도 된다는 의미이다. 고변형률속도의 경우, 입사파와 반사파가 클 경우 발생하는 차이를 이용해 측정한 입사측의 응력 측정 정밀도는 투과측의 응력 측정 정밀도에 비해 정확도가 떨어지고 시편 양 끝의 응력이 일치하는 경우는 매우 드물다. 따라서 투과측 응력만으로 시편 응력을 나타낼 때에는 충분히 주의를 기울여야 한다. 가공 경화율이 낮은 재료는 양 단면 응력이 약간만 달라도 시편 내부의 변형 분포가 크게 달라질 수 있으므로 변형 중 변형률 분포를 측정하는 일도 중요하다. 특히 변형 초기에는 시편 양 끝의 응력 상태가 잘 일치하지 않기 때문에 작은 변형률로도 파단이 발생하는 취성 재료에는 입사 응력파의 시작이 느슨한 램프형 입사파를 주어 시편의 응력 상태를 일정하게 유지시켜야 한다. 특히 뒤에서 언급할 굽힘시험에서는 이 기법이 필수이다.

입사 응력파의 시간 변화가 크고 변형 가속도가 큰 경우에는 시편 축방향 및 횡방향의 관성 효과를 고려해야 한다. 응력봉과 지름이 동일한 원주형 시편의 경우 시편 응력은 다음과 같다.[7]

$$\sigma(t) = \frac{A_0}{A_T}\left\{\sigma_T\left(t + \frac{D_2}{c} + \kappa\right) - \rho_s\left(\frac{h^2}{6} - \frac{\nu_s^2 a^2}{2}\right)\ddot{\epsilon}\right\} \qquad (2.13)$$

이때, $\kappa = \rho_s h / 2\rho c$ 이며, ρ_s는 시편 밀도, h는 시편 길이, a는 시편 지름, ν_s는 푸아송비, $\ddot{\epsilon}$ 변형률 가속도이다. 시편 형상이 $h/a = \sqrt{3}\nu_s$를 충족하는 경우, 관성 효과는 무시해도 된다.

원형봉 내부를 통과하는 종방향 탄성파의 속도는 파장에 의존하며, 파장이 길수록 전파 속도는 빠르다. 따라서 입사, 반사, 투과 응력파의 파장 성분을 많이 포함하는 경우에는 이동할수록 분산되기 때문에 시편 단면에서 떨어진 위치에서 측정된 응력파보다 정확하게 시편 응력 및 변형률을 구하려면 응력파 분산의 영향을 고려하여 응력파를 해석[5]해야 할 것이다. 또한 각종 플라스틱이나 발포재 등 연질 재료의 충격 시험에서는 큰 변형률을 가하면서 작은 응력을 고정밀도로 측정해야 하므로, 충격 시간이 긴 낮은 탄성파 속도와 역학적 임피던스(ρc)가 작은 고분자 재료 같은 점탄성체가 응력봉으로 사용된다. 이를 위해서 점탄성파의 이동을 고려하여 응력파를 해석하고, 충격 변형 중인 재료의 특성을 파악하고 있다.[8]

측정계를 포함한 SHPB 시험 장치 전체의 측정 정밀도를 평가함에 있어서 시편 소성변형량을 측정하여 응력파 해석값의 대응을 확인하는 것은 매우 중요하다. 일반적으로 이 값은 꽤 정확하다(상대오차 2% 이내). 이보다 오차가 큰 경우는 측정 방법에 문제가 있었을 것이다.

2.3 고변형률속도에서의 재료 특성 평가법

각 시험의 원리는 본질적으로 같지만 입사 응력파를 만드는 방법이나 시편 형상과 응력봉을 연결하는 방법은 시험마다 다르다.

2.3.1 압축시험

압축시험은 가장 간단하기 때문에 다양한 재료의 특성평가로 사용되고 있는데, 세라믹스, 금속 간 화합물, 고강도강 같은 고강도 취성 재료의 경우 변형량이 작기 때문에 응력봉 및 시편 단면을 고정밀도로 마감하고, 응력봉 단면에서 소성변형이 발생하지 않도록 주의하면서, 시편의 편중으로 인해 발생하는 국소변형 및 파괴를 피해야 한다. 이 때문에 세라믹스의 경우 압축 단면에 얇은 강판을 삽입하여 시편의 편중을 막는 방법이 시도되고 있다.

2.3.2 변형률실험

변형률실험은 시편 단면이 마찰을 받지 않으므로 시편을 짧게 해서 변형률을 크게 줄 수 있다. 그림 2.3과 같이 변형률 충격실험법에서는 입력봉의 일부를 클램프로 고정시켜 변형률 하중을 가한다. 클램프를 갑자기 개방하면 봉에 쌓여 있던 변형률 하중이 봉을 통과해 시편에 변형을 가하게 된다. 클램프 개방 시 굽힘 응력을 발생시키지 않고 예리하게 응력파가 시작되도록 다양한 방법이 고안되고 있다.

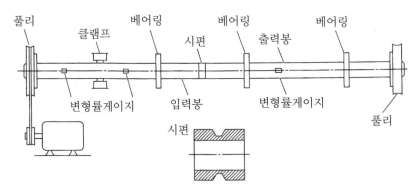

그림 2.3 SHPB형 충격변형률 실험 장치

2.3.3 인장실험

다양한 재료에 대한 고속 실험이 많아짐에 따라 SHPB법을 이용한 인장실험이 최근 급속히 증가하고 있다. 이 실험법은 그림 2.4와 같이 반사 응력파를 이용한 시험법[9]을 실시하기 위해서는 숙련된 기술이 필요하므로, 그림 2.5와 같이 원관을 타격봉으로 사용해 입력봉에 충돌시키는 방법[10]이나 변형률에너지 개방형과 같은 직접 인장응력 하중 방법[11]

을 사용한다.

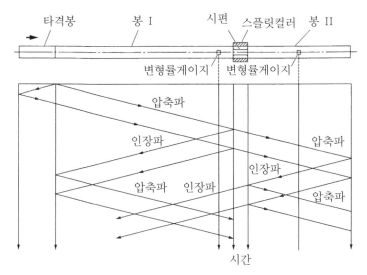

그림 2.4 반사 응력파를 이용한 충격 인장실험법

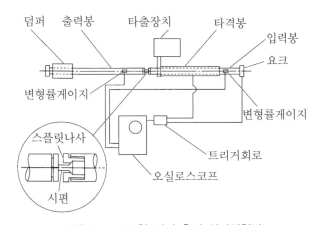

그림 2.5 SHPB형 직접 충격 인장실험법

시편 형상은 원형봉 외에 자동차용 호일강판이나 항공기용 듀랄루민 판 등을 사용해 손잡이부의 임피던스 매칭을 고안한 시험법도 개발되었다. 인장실험은 시편 길이를 압축시험과 마찬가지로 극단적으로 짧게 할 수는 없기 때문에 파단 신장률을 평가하려면 충격 지속 시간이 길어져 실험장치 부피가 커지게 된다. 이 때문에 충격 지속 시간이 길어지는 것과 비슷한 효과를 내기 위해 응력봉 내부에 응력파를 반복적으로 시편에 보내는 방법도 시도되고 있다. 입사파와 반사파의 분리, 투과파와 반사파의 분리는 응력봉에 여러 개의 변형 게이지를 붙여서 해결한다.

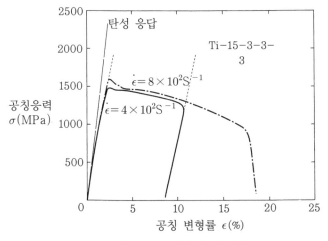

그림 2.6 충격인장실험의 응력 변형률

응력파 분리법은 이전부터 알려져 있었지만, 수십 번에 걸친 응력파 반사를 취급하므로 파 분산과 감쇠를 고려한 분리 조작과 응력파 해석 기법을 이용한다. 이와 같은 장시간 충격시험법은 저속 변형률속도 실험에도 응용할 수 있으며, SHPB법으로 실현 가능한 변형률속도 범위를 넓혀주는 기법으로도 주목받고 있다. 인장시험에서는 응력봉에서 측정한 변형률에 시편 게이지 길이를 제외한 부분의 변형률이 혼합되기 때문에 일반적으로 변형 초기 탄성 변형률이 커진다. 그림 2.6은 응력-변형률 관계의 예시인데, 시편의 연결 나사부의 변형이 혼합되어 탄성 부분의 경사는 탄성률의 80% 정도가 된다. 시편 연결은 매우 엄격하게 실시해야 하며, 변형 도중에 하중을 제거했을 때의 탄성 응답과 변형 초기의 탄성 응답이 같다는 것이 확인되면 소성변형량을 평가할 수 있다.

2.3.4 굽힘시험

적층 복합재의 인장강도와 층간 전단강도를 조사하는 시험법으로 굽힘시험은 매우 효과적인 시험법이다. 그림 2.7은 압축시험 장치를 이용한 SHPB 3점 굽힘시험법이다. 굽힘시험은 그림 2.8과 같이 예리하게 시작되는 입사파를 가하면 그림 2.9와 같이 시편에 고주파 진동이 발생해 하중 상황을 정확히 파악할 수 없는 경우도 있다.

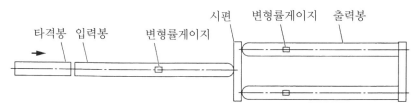

그림 2.7 SHPB형 충격 3점 굽힘시험법

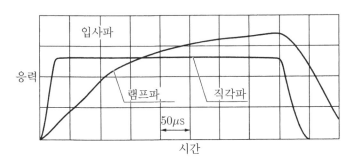

그림 2.8 직각파와 램프형 입사 응력파

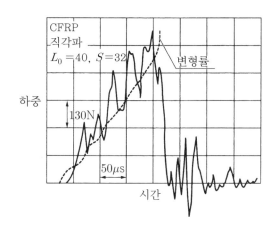

그림 2.9 직각 입사파의 하중–시간 관계

굴곡 진동을 억제하여 매끄러운 하중-변위 관계를 얻으려면 시편 굽힘 강성에 따라 적당히 완만하게 시작하는 입사파를 이용하는 것이 효과적이며 입력봉 선단에 설치한 버퍼의 소성변형률을 이용하는 방법도 시도되고 있다.[12]

그림 2.10은 그림 2.8의 램프형 입사 응력파를 이용한 복합재 CFRP의 응답이다. 지지점 외부의 돌출 부분이 긴 시편에서는 여러 굽힘모드가 존재하지만 돌출이 짧은 경우는 단일 굽힘모드가 지배적이며, 최고 하중값을 일반적인 정적 평가식에 대입해 충격 변형률의 강도를 평가할 수 있다.

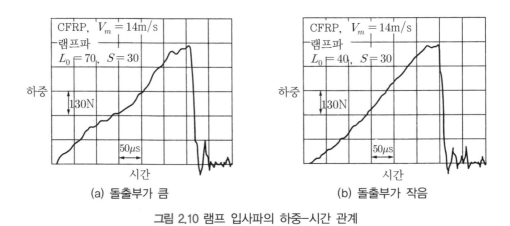

그림 2.10 램프 입사파의 하중-시간 관계

이 방법은 다양한 파괴 모드 시험에서 적용되고 있는데, 램프파는 시작 부분을 느슨하게 함으로써 변형 초기의 고주파 진동을 억제하여, 강도 평가를 실시하는 변형역에서 일정 응력파에 의한 정상 변형률속도 상태를 실현하는 것을 목적으로 개발된 것이므로, 램프파 시작 시간 내의 가속 상태로 구한 강도 평가에서는 주의가 요구되며, 입력측과 출력측에서 힘의 균형이 유지되지 않는 경우에는 출력측 힘으로 시편 응력 상태를 구하는 것은 피해야 한다.

2.3.5 고온 및 저온 시험

고온 및 저온에서의 충격시험은 단순히 각 온도에서의 충격 특성을 알기 위해서가 아닌, 변형 응력의 온도와 변형률속도로 인한 변화를 통일시키기 위한 기초적인 시험으로서 큰 의미가 있다. 고온 및 저온에서의 SHPB 시험은 시편에 접촉하는 응력봉에 온도 차이가 발생하여 탄성계수가 온도에 따라 변화하기 때문에 응력봉을 통과하는 탄성 응력파 속도에 변화가 일어나고, 각 부분의 인피던스 차이에 따라 반사파가 발생한다. 따라서 입사·반사·투과파를 이용해 시편 응력과 변형률을 구하려면 응력봉의 온도 분포를 토대로 반사와 투과를 합한 적분방정식을 풀어야 한다. 실험에서는 탄성계수 변화를 고려하여 응력봉 단면적을 변화시킨 변단면 응력봉을 이용하여 응력파의 반사를 일으키지 않는 방법이 고안되었다.

응력파 σ_1가 영역 I에서 영역 II로 입사했다고 가정하면 영역 I에서 발생하는 반사파 σ_R은 다음 식이 된다.

$$\sigma_R = - \frac{\left(1 - \dfrac{A_2 \rho_2 c_2}{A_1 \rho_1 c_1}\right)}{\left(1 + \dfrac{A_2 \rho_2 c_2}{A_1 \rho_1 c_1}\right)} \sigma_I \tag{2.14}$$

그리고 반사파가 발생하지 않는 조건으로는 다음 식이 성립한다.

$$1 - \frac{A_2 \rho_2 c_2}{A_1 \rho_1 c_1} = 1 - \frac{A_2 \sqrt{E_2 \rho_2}}{A_1 \sqrt{E_1 \rho_1}} = 0 \tag{2.15}$$

따라서 온도 분포에 의한 탄성계수와 밀도의 변화에 따라 입·출력봉의 단면적을 변화시킨 변단면봉을 이용하면 온도 변화부의 반사파는 발생하지 않는다. 이때 응력봉을 따라 탄성파 속도가 변화하므로 입사파, 반사파, 투과파의 상호 시간차를 고려하여 응력-변형률-변형률속도를 구해야 한다. 이처럼 응력봉의 온도 분포에 따라 여러 변단면을 삽입하거나, 출력봉을 이용하는 것은 매우 번거롭기 때문에 실제로는 거의 실시되지 않는다.

강철 재질의 응력봉의 경우 300℃ 이하에서 탄성 정수 변화에 따른 응력파 반사의 영향은 무시해도 되지만, 고온에서는 영향력이 더 커진다. 따라서 압축시험에서는 미리 가열된 시편에 응력봉을 순간적으로 접촉시켜 온도 변화를 무시해도 될 만큼의 짧은 시간에 충격을 가하는 방법이 고안되었다.[13] 응력봉과 접촉하면 시편의 온도 분포가 급속히 변화하기 때문에 수 ms 내에 충격을 개시하기 위한 일련의 제어 작업이 필요하다.

시편에 입·출력봉을 연결한 상태로 실시하는 인장시험의 경우, 적외선 가열로에서 시편을 급속 가열하는 방법을 사용하는데, 이 경우에도 적외선 도입 가열로를 이용하여 시편을 조사 가열하여 열전도를 이용한 응력봉의 가열을 최대한 억제해야 한다.

저온 실험은 냉매로 시편을 냉각시키는 방법이 일반적이며, 액체질소 온도까지는 냉매 수조에 시편을 침지시키는 방법이 가장 간단하다. 이때 응력봉 일부를 냉매 수조에 삽입하게 되므로 냉매 누수를 방지하면서 입·출력봉의 부드러운 움직임을 확보해야 한다. 견고한 실링을 갖춘 냉매 수조를 사용하는 경우도 있지만 변형하기 쉬운 냉매 수조를 이용함으로써 이러한 요건을 충족시키는 것도 가능하다. 저온역의 탄성 정수 변화는 크지 않으므로 응력봉 온도 분포에 의해 생기는 응력파 반사는 고려하지 않아도 된다.

2.4 특수 실험법

2.4.1 변형률속도 급변실험

응력의 변형률속도 의존성은 각 변형률속도에서 얻은 응력-변형률 곡선의 변형률에 대한 응력을 나열하면 알 수 있는데, 응력-변형률 곡선이 불규칙하기 때문에 정확한 값을 구하려면 상당히 넓은 범위로 변형률속도 실험을 해야 한다. 그래서 이를 대신하여 변형 중에 변형률속도를 급격하게 변화시켜 이에 따라 변화하는 응력을 측정하는 방법이 종종 실시된다. 그림 2.11은 고변형률속도 범위에서 실시하는 변형률속도 급변실험방법이다.

그림 2.11(a)는 단이 달린 타격봉을 입력봉에 충돌시켜 계단형 입사파를 일으켜 변형률속도를 급격히 증가시키는 방법이다.[14] 그러나 가공경화율이 큰 경우에는 변형률속도가 변화할 때 발생하는 전이역의 변형률 경화의 영향을 받기 때문에 변형률속도 변화에 대응하는 응력 변화를 정확하게 구하기 어려워진다. 이런 점들을 고려하여 변형률속도를 급감시키는 방법이 채택되기도 한다. 단이 달린 타격봉의 앞뒤를 바꿔서 사용하도 하지만, 그림 2.11(b)는 지정 변형률 지점에서 타격봉을 감속관에 충돌시켜 변형률속도를 급격히 감소시키는 방법이다.[15]

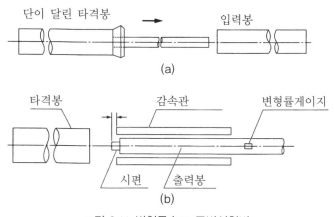

그림 2.11 변형률속도 급변실험법

여기에는 시편에 직접 충격을 가하는 직접충격홉킨슨봉^{DHPB}실험법의 적용 사례를 제시했는데, 일반적인 SHPB실험법으로도 동일한 변형률속도 급감 실험을 실시할 수 있다. 이 방법은 변형률 응력에 미치는 변형률속도의 이력효과를 조사할 때도 쓰인다.

2.4.2 소프트 리커버리 실험

변형 도중 시편의 변형률 상황을 관찰하기 위해 소프트 리커버리 실험을 하려면 지정 변형량으로 실험을 정지시켜야 한다. 압축시험의 경우 입력봉 내부에서 발생하는 반사파가 시편에 다시 들어가 변형을 일으키지 않도록 주의만 한다면 스톱링을 사용해 비교적 쉽게 실시할 수 있지만, 인장실험의 경우 입·출력 응력봉 내부의 반사 응력을 바깥으로 내보냄으로써 시편에 불필요한 변형이 생기지 않도록 고안해야 한다.

그림 2.12는 입·출력봉 끝부분에 응력파 흡수봉 또는 흡수관을 설치하여 반사파와 투과파를 흡수시키는 방법이다. 입력봉에서 발생하는 시편 반사파를 흡수하기 위해서는 응력 흡수봉 2개가 필요하며, 흡수봉 II는 입사파를 발생시키기 위해 가해진 응력파에 의해 흡수봉 I이 입력봉에서 떨어지는 것을 방지한다. 그 결과, 시편에는 단 한 번의 충격으로 정해진 변형량을 줄 수 있다.

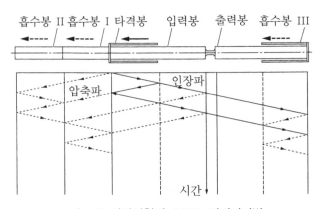

그림 2.12 인장실험의 소프트 리커버리법

2.4.3 리버스 실험

한방향 변형에 이어 역방향 변형의 거동을 아는 것은 바우싱거 효과의 변형률속도에 의한 변화나 스폴링 파괴를 예측하는 데 있어서도 중요하다. 또한 역변형된 구조재료가 역방향으로 큰 충격을 받았을 때의 거동을 알기 위해서도 반드시 필요하다.

그림 2.13은 충격 변형 중 하중이 가해진 방향을 역전시킨 리버스 실험법이다. 단면적이 다른 부분에서 발생한 반사파로 이루어진 일련의 입사 응력파를 입력봉에 통과시켜 시편에는 인장과 압축 충격이 반복해서 가해진다.[16]

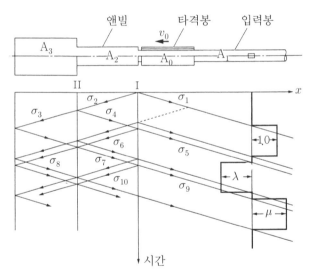

그림 2.13 충격 리버스 실험법

그림 2.14는 앤빌 부분의 단면적을 선정하여 얻을 수 있는 각종 입사 응력이다. 예를 들어 그림 2.14(a)의 경우, 아주 적은 시간을 두고 압축-압축(혹은 인장-인장)의 변형을 가할 수 있어 충격 변형 중 회복 현상이나 조직 변화 측정에 사용할 수 있다. 2.14(b)의 경우, 압축-인장(혹은 인장-압축) 변형을 줄 수 있으며, 충격 변형 시 바우싱거 효과 측정에

이용할 수 있고, 2.14(c)의 경우 압축-인장-압축(혹은 인장-압축-인장) 변형을 줄 수 있으며 충격 피로의 기초인 히스테리시스곡선을 고변형률 속도에서 얻을 때 이용할 수 있다.

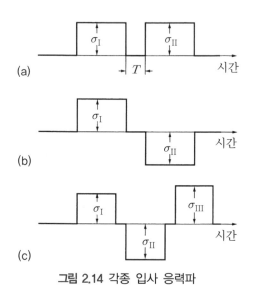

그림 2.14 각종 입사 응력파

2.4.4 조합 부하 시험

앞서 언급한 그림 2.3의 비틀림 시험에서는 클램프로 고정된 입력봉 부분에 미리 비틀림 변형과 인장변형을 가한다. 클램프를 갑자기 개방하면 입력봉 일부에 축적되어 있던 토크와 인장응력이 개방되어 각각 비틀림파와 인장파로 봉을 통과해 시편에 비틀림 변형과 인장변형 충격이 가해진다.[17] 비틀림파 속도는 인장파 속도보다 느리기 때문에 조합 변형을 동시에 가하기 위해서는 시편을 클램프에 급접해 설치해야 한다.

2.4.5 관통시험

SHPB법에서는 시편 양쪽의 응력상태를 파악하여 관성력의 효과가 크지 않은 경우 재료의 거동을 확정할 수 있으며, 하중은 측정 정밀도가 높은 출력봉의 투과 응력파를 사용했다. 그러나 판과 막 등 관통시험에서는 입력측인 관통자의 하중을 직접 측정해야 한다. 또한, 충격하중의 지속 시간은 위에 기술한 변형 시험에 비해 길기 때문에 반사파의 영향을 억제하여 관통자에 가해진 힘을 측정할 필요가 있다.

그림 2.15는 타격봉 선단에 관통자(압자)를 장착하여, 관통자에 가해지는 하중을 미소한 응력검지부에서 측정하는 관통시험 장치이다. 관통자가 작고, 내부의 응력파를 무시할 수 있으며, 검지부가 충분히 짧은 경우, 관통자 하중을 검지부에서 정확하게 파악할 수 있다. 또한 응력검지부와 타격봉의 단면적 비가 크면 타격봉 본체에 전달되는 응력이 매우 작아지므로 타격봉 내부의 응력파에 영향을 받지 않으면서 장시간 동안 압자의 하중을 측정할 수 있다.[18] 이 밖에도 회전하는 출력봉 끝에 설치된 시편과 입력봉 끝에 설치된 시편의 충돌을 이용하여 수직력과 전단력이 동시에 주어지는 동마찰 계수 측정법[19]과 고속 전단을 받는 윤활제의 점성 측정법[20] 등에도 SHPB법이 이용된다.

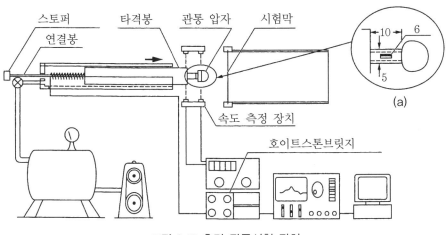

그림 2.15 충격 관통시험 장치

▌참고문헌

[1] R. M. Davies : Phil. Trans. Ser. A**240** (1948), 375

[2] H. Kolsky : Proc. Phys. Soc. B. **62** (1949), 676-700

[3] F. E. Hauser : Exp. Mech., **6** (1966), 395

[4] L. D. Bertholf and C. H. Karnes : J. Mech. Phys. Solids, **23**-1 (1975), 1-19

[5] P. S. Follansbee and C. Franz, Jr : Engng. Mat. Technol., **105** (1983), 61-66

[6] K. Ogawa and T. Yokoyama : Journal de Physique, **10** (2000), Pr9-185-190

[7] E. D. H. Davies and S.C. Hunter : J. Mech. Phys. Solids, **11** (1963), 155-179

[8] C. Bacon: Int. J. Impact Engng, **22** (1999), 55-69

[9] T. Nicholas : Exp. Mech., **21** (1981), 1773-185

[10] 小川欽也 : 材料, 50 卷, 3 号 (2001), 1983-203

[11] C. Albertini, P. M. Boone and M. Montagnini : J. Phys. France 46 (1985), 499 [12] 小川欽也, 東田文子 : 強化プラスチックス, 36 卷, 4 号 (1990), 123-129

[13] A. M. Lennon and K. T. Ramesh : Int. Journal of Plasticity, 14-12 (1998), 1279-1292

[14] K. Tanaka and T. Nojima : Proc. 1971 Kyoto ICM (1972), 176-181

[15] K. Sakino and J. Shioiri : Journal de Physique, 1 (1991) C3-35-C-3-42

[16] K. Ogawa : Exp. Mech., **24**-2 (1984), 81-86

[17] T. Hayashi and N. Tanimoto : Proc. of 19th Jap. Congr. on Mat. Res. (1976), 53-56

[18] 小川鉄也 : 材料, 54 卷, 11 号 (2005), 1166-1172

[19] K. Ogawa : Exp. Mech., 37-4 (1997), 398-402

[20] R. Feng and K. T. Ramesh : Journal of Tribology, Trans. ASME, **115**-4 (1993), 640

충격변형률과
구성 관계식

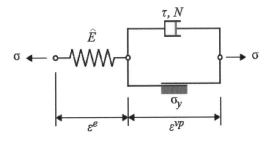

❙ 앞의 그림

충격 하중에 대한 콘크리트의 속도의존성을 표현하기 위한 rheological unit 모델

* Kim, K., & Lim, Y. M. (2011). Simulation of rate dependent fracture in concrete using an irregular lattice model. *Cement and Concrete Composites*, *33*(9), 949-955.

제3장

충격변형률과
구성 관계식

3.1 서 론

구성 관계식 관련 용어에 대한 몇 가지 해설이 있지만, 서론에서는 다음과 같이 기본식을 예로 들어 설명하겠다. 물체를 연속체로 취급할 때, 물체를 구성하는 재료와 관계없이 항상 성립하는 관계식을 기본식 또는 기본 방정식이라고 부른다. 기본식은 운동 방정식과 질량, 운동량, 각종 에너지 보존법칙, 열역학 제1·2법칙, 맥스웰Maxwell의 전자 방정식 등이 포함되는데, 물체 변형률의 영향을 무시할 수 있는 경우, 즉 물체가 강체와 유사한 경우에는 이 기초식을 이용해 기준시각 t_0의 상태를 이미 알고 있으면 임의의 시각 t의 물체 상태를 완벽하게 기술할 수 있다. 약 40년 전 인류를 처음으로 달에 보낸 우주선(고속 비상체)의 궤도계산을 이러한 기본식에 의존했는데, 충분히 정확성을 가지고 있었다고 할 수 있다.

그런데 의외로 기초식만으로는 "야구공을 벽에 부딪쳤을 때 어떻게 될까?"처럼 생활 속 동적 문제를 해결할 수 없다. 공의 속도가 위의 우주선에 비해 매우 작은데도 말이다. 그 이유는 간단하다. '강체'에서는 물체의 변형을 고려하지 않기 때문이다. 만약 위 현상을 고속 카메라로 기록하면 충돌점에서 압축변형이 공과 벽의 양방향으로 퍼져 공의 충돌점 반대편 표면에 도달하여 자유단 반사에 의한 인장이 발생하고 하중 제하에 의한 형상 복귀가 일어남과 동시에, 제하부에 공을 벽에서 떼어내는 것과 같은 속도가 발생하는 것이 관찰될 것이다(1장 응력파 전파의 기초를 참조).

이 과정을 이론 또는 수치계산으로 나타내기 위해서는 공과 벽의 '힘과 변형률'을 지배하는 법칙이 필요하다는 것이 분명해진다. 이와 같은 물체를 구성하는 각 재료의 변형률의 역학적 특성이나 열역학적, 전기적, 화학적 상호작용 등을 기술하는 방정식을 구성식 또는 구성 관계식, 구성 방정식, 구성 모델, 구성 법칙 등으로 부른다.

그런데 역학 분야로 한정하면, 앞서 기술한 구성식이란 '힘-변위' 관계 혹은 그것을 정규화한 '응력-변형률' 관계를 기술하기 위한 수학적 방정식이라고 해도 무방하다. 단, 우리가 일반적으로 보고 듣는 응력-변형률 곡선은 '인장', '압축' 혹은 '변형률' 등 단축응력상태에서 얻는 경우가 많고, 이대로는 '조합 하중'이나 '반비례 하중' 등 다축응력상태는 대응할 수 없다. 이 때문에 역학에서 실제 구성 관계식이란 단지 단축응력상태에서의 응력-변형률 관계를 수학적으로 기술하는 것뿐만 아니라, 다축 상태의 전개를 포함한 포괄적인 관계식을 일컫는다는 사실을 기억해야 한다.

3장에서는 다음의 순서로 개요를 설명하고자 한다.

▌재료의 역학적 특성과 분류

재료의 역학적 변형 특성의 특징과 대응하는 구성 모델의 분류

▎일반 응력 상태의 준정적 구성 관계식

충격하중이 작용하지 않을 때 재료 응력–변형률 관계의 일반적인
응력 상태 기술 방법

▎탄점소성체의 구성 관계식 확장

탄점소성체의 역학적 모델과 서론에서 제시한 '준정적 구성 관계'의
탄점소성체 확장

▎변형률속도 의존성 구성 관계식(응력–변형률 관계)의 구체적 형태

전위론 등 마이크로 스케일 역학에 입각한, 혹은 현상론적 입장에서
전개된 속도 의존형 응력–변형률 모델의 구체적 형태

3.2 재료의 역학적 특성과 분류

먼저 재료의 역학적 응답 특성과 이에 대응하는 역학모델을 분류한다.
그림 3.1은 단축 하중으로 얻는 응력–변형률 관계의 대표적인 예이다.
이밖에도 응답을 나타내는 재료가 있지만, 여기에서는 금속에서 흔히 볼
수 있는 사례로 한정하겠다. 그림 3.1(a)는 탄성체의 응답을 나타낸다.
그림에서 하중 과정 OA와 제하 과정 AO가 동일한 경로라고 하면 응답
경로는 비선형이어도 무방하다. 등방 선형 탄성체의 경우 재료의 일반응
력–변형률 상태의 구성 관계식은 다음과 같다.

$$\sigma_{ij} = \lambda \cdot \epsilon_{kk}^e + 2\mu \cdot \epsilon_{ij}^e \tag{3.1}$$

$$\epsilon_{ij}^e = \frac{1}{2\mu}\left(\sigma_{ij} - \frac{\lambda}{3\lambda + 2\mu}\sigma_{kk}\delta_{ij}\right) \tag{3.2}$$

식의 λ, μ은 라메의 정수라 부르며 종방향 탄성계수 E, 푸아송비 ν, 횡
방향 탄성계수(강성률) G를 이용해 다음 식을 구할 수 있다.

$$\lambda = \frac{\nu \cdot E}{(1+\nu)(1-2\nu)}, \quad \mu = G$$

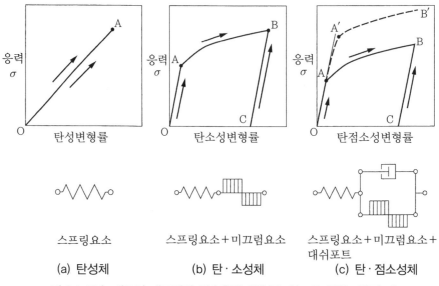

그림 3.1 금속 재료의 대표적인 단순응력–변형률 선도와 역학모델의 예

식(3.1), (3.2)는 편차응력 $\sigma'_{ij}(= \sigma_{ij} - \delta_{ij}\sigma_{kk}/3)$와 편차변형률 $\epsilon'^{e}_{ij}(= \epsilon^{e}_{ij} - \delta_{ij}\epsilon^{e}_{kk}/3)$을 사용하면,

$$\sigma'_{ij} = 2G\epsilon'^{e}_{ij} \tag{3.3}$$

또는 양변의 시간 미분을 취해 다음으로도 쓸 수 있으며, 소성변형의 연성 표시에 자주 사용된다.

$$\dot{\sigma}'_{ij} = 2G\dot{\epsilon}'^{e}_{ij} \tag{3.4}$$

특히 식(3.4)는 구성 관계식의 속도형(시간 미분을 취함으로써 응력속도 와 변형률속도로 나타낸 구성 관계식형)이라 부르며, 응력과 변형률에 관한 동차식이기 때문에 응력은 변형률속도가 변화해도 변하지 않음(변형률속도 비의존)을 알 수 있다. 탄성체를 표현하는 역학모델은 그림 3.1(a)의 응력–변형률 선도에 나타난 바와 같이 '스프링' 요소가 된다.

다음으로 탄소성 기체의 응답에 대해 검토해보자. 그림 3.1(b)는 탄소성체의 역학 응답 사례를 제시한 것이다. 재료에 하중을 가하면, 점 A에서 강복이라 불리는 소성변형이 시작되어, 이후에는 제하를 해도 OC와 같이 영구 변형률plastic strain이 잔류하게 된다. 또한 소성변형에서는 가공경화(변형 경화)라고 하는 '변형률의 진행에 따라 변형에 필요한 응력(변형 저항)이 상승하는 현상'을 동반하는 경우가 많으며, 소성체 구성 관계식의 많은 부분이 가공경화를 표현하기 위해 소요된다.

소성체의 역학모델은 그림과 같이 '스프링' 요소에 '소성(미끄럼)' 요소가 직렬로 연결된 것이며, 전체 변형률량 ε는 탄성 변형률량 ϵ^e와 소성 변형률량 ϵ^p의 합으로 나타낸다. 재료의 초기 항복응력을 σ_0로 하고, 가공경화는 소성변형률 함수로 주어진다고 가정하면, 단축하중의 응력–변형률 관계는 다음 식으로 구해진다.

$$\sigma(\epsilon) = \sigma_0 + f(\epsilon^p) = \sigma_0 + f(\epsilon - \epsilon^e) \tag{3.5}$$

한편 소성체의 일반 응력·변형률 상태의 구성 관계는 재료의 항복조건과 밀접한 관련이 있다. 소성변형 시 재료의 다축에서 일어나는 응력–변형률 관계를 기술한 일반 법칙을 '흐름의 법칙'이라고 하는데, 뒤에서 언급하는 바와 같이 항복함수를 소성포텐셜과 동일한 것으로 간주할 경우 흐름의 법칙은 기본적으로 항복함수를 응력으로 편미분한 것으로 주어진다. 이러한 형식으로 부여되는 흐름의 법칙을 '연합 흐름의 법칙'이라 부른다. 연합 흐름의 법칙은 식(3.5)의 가공경화 표현식을 내포하고 있으며, 서론에서 서술한 바와 같이 다축 응력 상태 전개를 완수한 포괄적인 구성 관계를 구축하고 있다(자세한 내용은 다음 3.3절을 참조).

끝으로 3장의 주요 주제 중 하나인 '탄점소성체' 혹은 '변형률속도 의존성체'의 응답에 대해 검토해보자. 그림 3.1(c)는 응답 사례 중 하나를 나타낸 것이다. 일반적으로 재료는 고속 변형률일수록 변형에 필요한 응력은 상승하고, 응답 경로는 OA'B'이 된다. 응력의 상승 기구에 대해서는 다양하게 제안·검토되고 있는데, 전위 운동에 대한 저항을 원인으로 보는 경우가 많다.

역학적 모델은 그림의 탄소성체 모델에 대시포트를 소성요소와 병렬로 추가한 '3요소 모델'이 되며, 이 형식은 Malvern형 모델[1]로도 알려져 있다. 단위시간당 소성변형률량, 즉 소성변형률속도가 증가하면 그에 따른 점성 마찰 $\sigma_v = \eta \dot{\epsilon}^p$이 대시포트에 발생하여 소성변형에 필요한 응력을 끌어올린다. 이러한 이유로 변형 속도에 의해 변형 저항이 변화하는 재료를 일명 '변형 속도 의존성체'라고 히며, 구성 관계식을 '변형 속도 의존성 구성 관계식'라고 부른다. 이 역학모델의 수학적 표시는 스프링 요소의 탄성률을 E, 대시포트의 점성 계수를 η라고 하면 다음과 같이 된다.

$$E\dot{\epsilon} = \dot{\sigma} + \frac{E}{\eta}(\sigma - f(\epsilon^p)) \tag{3.6}$$

변형률속도 의존성 구성 관계식의 중요한 부분은 '변형률속도'와 '변형 저항의 증가'를 어떻게 연관 짓느냐에 달려 있다. 대부분의 고속 재료 시험 결과는 금속 재료의 변형 속도가 $10^3 \mathrm{s}^{-1}$의 오더를 넘으면 변형률 저항이 급격히 증가한다고 나오지만 반대로 이 속도 범위까지는 변형률 저항의 상승이 비교적 안정적이고 변형 속도의 대수에 비례하여 선형으로 증가하는 것으로 알려져 있다. 이는 전위의 열활성화 과정에 의한 것으로 여겨진다. 구체적 표현형에 관해서는 3.5절을 참조하기 바란다.

한편, 탄소성체와 마찬가지로 속도 의존성의 표현식을 내포하는 점소성체에 대한 흐름의 법칙이 필요해진다. 앞의 Malvern형 모델을 다축 상태로 확장하는 방법 중 하나로 Perzyna형 과응력 이론[2]이 있으며, 과응력(점성 저항에 의한 응력 상승을 소성변형에 필요한 기준 응력으로 나눈 것)을 유사 항복 포텐셜로 간주해 응력으로 편미분함으로써 필요한 구성 법칙을 얻을 수 있다(3.4절 참조).

3.3 일반 응력 상태의 준정적 구성 관계식

이번 절에서는 소성변형의 흐름의 법칙을 도출하는 방법에 대해 간단히 설명하고자 한다. 응력 공간에서 탄성·소성의 경계를 나타내는 곡면을 항복 곡면, 수학적 표현을 항복함수라 부른다(이때 항복 조건이란 항복 함수가 나타내는 응력 공간(응력장, 応力場) 내부의 경계 조건이 된다). 마이세스^{Mises} 항복 조건을 예로 들어 간단히 설명하면 항복 함수 f 는 다음과 같이 쓸 수 있다.

$$f(\sigma_{ij}, \sigma_y(\bar{\epsilon}^p)) = \frac{3}{2}\sigma'_{ij}\sigma'_{ij} - \sigma_y^2(\bar{\epsilon}^p) = 0 \qquad (3.7)$$

금속에서는 대체로 소성 비압축성이 성립하므로 식(3.7)의 우변은 응력 편차성분으로 표기되었다. $\bar{\epsilon}^p$는 상당 소성변형률이라 부르며 상당 응력(다축응력을 단축응력으로 변환하는 식. 식(3.7)의 $\sigma_y(\bar{\epsilon}^p)$에 해당하는 양)을 다음과 같이 정의할 경우,

$$\bar{\sigma} = \sqrt{\frac{3}{2}\sigma'_{ij}\sigma'_{ij}} \tag{3.8}$$

소성 일증분에 관해서 $dW^p = \sigma_{ij}d\epsilon^p_{ij} = \bar{\sigma}d\bar{\epsilon}^p$ 이 성립하도록 규정된 '다축 변형률 상태를 단축응력상태의 축방향 변형률량으로 변환하는 식'이며 다음 식으로 주어진다.

$$d\bar{\epsilon}^p = \sqrt{\frac{2}{3}d\epsilon^p_{ij}d\epsilon^p_{ij}} \tag{3.9}$$

실제로 식(3.8), 식(3.9)는 단축 인장·압축에서는 각각 종방향 응력, 종방향 소성 변형과 일치함을 알 수 있다. 한편 Drucker의 가설[3]로 소성변형률 증분 벡터는 항복 곡면에 수직으로 도출되지만 항복곡면의 임의의 응력점에서 법선 벡터의 방향은 항복 포텐셜을 응력으로 편미분하여 구할수 있으므로 연합 흐름의 법칙과 같이 항복 함수와 항복 포텐셜을 동일하게 간주할 경우에는 다음 식이 성립한다.

$$d\epsilon^p_{ij} = d\Lambda\frac{\partial f}{\partial \sigma_{ij}} \tag{3.10}$$

이때 $d\Lambda$는 미소한 정수이다. 식(3.10)은 법선의 법칙이라고 한다. 식(3.10)의 $d\Lambda$가 구해지면 '가해진 응력에 대한 변형률의 증분을 나타내는 식', 즉 '흐름의 법칙'이 요구된다. $d\Lambda$를 구하기 위해서는 다음의 'Prager 적응조건'을 사용한다.

$$df(\sigma_{ij}, \overline{\sigma}(\overline{\epsilon}^p)) = \frac{\partial f}{\partial \sigma_{ij}} d\sigma_{ij} + \frac{\partial f}{\partial \overline{\sigma}} \left(\frac{d\overline{\sigma}}{d\overline{\epsilon}^p} \right) d\overline{\epsilon}^p$$

$$= \frac{\partial f}{\partial \sigma_{ij}} d\sigma_{ij} + \frac{\partial f}{\partial \overline{\sigma}} \left(\frac{d\overline{\sigma}}{d\overline{\epsilon}^p} \right) \sqrt{\frac{2}{3} d\epsilon_{ij}^p d\epsilon_{ij}^p} = 0$$

(3.11)

위 식에 법선의 법칙(식(3.10))을 대입하여 $d\Lambda$를 정리하면,

$$d\Lambda = \frac{-\dfrac{\partial f}{\partial \sigma_{mn}} d\sigma_{mn}}{\dfrac{\partial f}{\partial \sigma_Y} H' \sqrt{\dfrac{2}{3} \dfrac{\partial f}{\partial \sigma_{pq}} \dfrac{\partial f}{\partial \sigma_{pq}}}} = \frac{3\sigma'_{mn} d\sigma_{mn}}{4\sigma_Y^2 H'}$$

(3.12)

단, $H' = \dfrac{d\sigma_Y}{d\overline{\epsilon}^p}$

여기에서 얻은 $d\Lambda$를 식(3.10)으로 다시 대입하면,

$$d\epsilon_{ij}^p = d\Lambda \frac{\partial f}{\partial \sigma_{ij}} = \frac{9\sigma'_{mn} d\sigma_{mn}}{4\sigma_Y^2 H'} \sigma'_{ij}$$

(3.13a)

혹은 $\sigma_Y^2 = \dfrac{2}{3} \sigma'_{ij} \sigma'_{ij} \Leftrightarrow 2\sigma_Y d\sigma_Y = 3\sigma'_{ij} d\sigma_{ij}$ 관계를 사용하면 다음 식을 얻을 수 있다.

$$d\epsilon_{ij}^p = \frac{3d\sigma_Y}{2\sigma_Y H'} \sigma'_{ij} = \frac{3d\overline{\epsilon}^p}{2\overline{\sigma}} \sigma'_{ij}$$

(3.13b)

이것이 마이세스 항복 조건에 대한 준정적 변형(변형 속도가 매우 낮은 변형)의 흐름의 법칙이다. 3.1절에서 서술한 가공경화는 식(3.11)의 상당 응력(경화 반지름)이 상당 소성변형률 함수로 부여되어 고려된다. 다시 말하

면 항복 조건이 일단 정해지면 다축응력상태의 구성 법칙이 식(3.11)로 주어지는 것이 법선의 법칙에 의해 보장되므로 나머지는 단축 하중의 실험 결과를 토대로 가공경화 규칙 정식화에 전념할 수 있게 된다.

3.4 탄점소성체의 구성 관계식 확장

준정적 하중 구성 법칙과 마찬가지로 탄점소성체에 대한 일반적인 응력·변형률 상태의 응력-변형률 관계의 기본적 구조, 즉 탄점소성체의 흐름규칙의 일반형 도출이 가능하며, 일축 하중을 받는 실험결과에 근거한 변형 저항의 변형률속도 의존성에 대한 정식화가 가능하다. 이를 위해서는 Perzyna의 과응력 이론을 이용한 Malvern형 구성 모델(3요소 모델)의 다축응력 공간을 확장하는 것이 효과적이다. Perzyna의 과응력 이론에서는 그림 3.2와 같이 등가변형률속도하에서 동적응력 벡터의 선단이 동적 하중곡면이라 불리는 응력 공간의 곡면 위에 있는 것으로 생각한다. 이 곡면은 준정적 항복곡면과 닮은꼴이지만 항복곡면보다 바깥쪽에 위치하며, 이 둘은 준정적 변형 속도에서 일치한다.

이 동적 하중곡면의 방정식을 함수 F로 부여한다. 이 F는 과응력으로도 불리며 동적응력이 준정적 응력을 어느 정도 웃도는가를 준정적 응력으로 나누어 무차원화하여 나타낸 양이라고 할 수 있다. 식(3.7)의 준정적 항복 함수 표현을 일반화하여 다음 식과 같이 쓰면,

$$f(\sigma_{ij}) = \theta(\sigma'_{ij}) - \sigma_y^2(\bar{\epsilon}^p) = 0 \tag{3.14}$$

Perzyna의 과응력은 다음 식으로 정의된다.

$$F = \frac{\sqrt{\theta(\sigma_{ij})}}{\sigma_y} - 1 \tag{3.15}$$

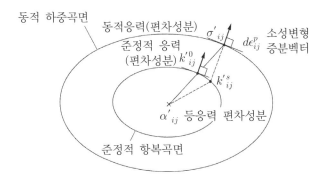

그림 3.2 Perzyna의 과응력 이론에 기초한 동적 하중곡면과 준정적 항복곡면의 관계

F를 비슷한 소성 포텐셜로 간주하고(동적 하중곡면은 동적 항복곡면이 아니며, 항복곡면은 f이다), 소성변형률속도 사이에 다음을 가정하면,

$$\dot{\epsilon}_{ij}^{p} = \gamma < \phi(F) > \frac{\partial F}{\partial \sigma_{ij}} = \frac{< \phi(F) >}{2\sqrt{\theta(\sigma'_{ij})}} \frac{\partial f}{\partial \sigma_{ij}}, \quad \gamma = \sigma_y \tag{3.16}$$

식(3.14)는 점소성체 법선의 법칙을 부여함과 동시에 식(3.6)을 변형하여 구할 수 있는 다음 식과 같은 점성저항을 주는 관계식임을 알 수 있다.

$$\dot{\epsilon}^{p} = \dot{\epsilon} - \dot{\sigma}/E = \frac{f(\epsilon^p)}{\eta}\left(\frac{\sigma}{f(\epsilon^p)} - 1\right) = \frac{\sigma_y}{\eta} \cdot F \tag{3.17}$$

단, 식(3.16)의 $\phi(F)$는 과응력 함수라 부르며, 식(3.15)가 과응력과 소성 변형률속도 사이에 기본적으로 선형 관계만을 허용하는 것에 반해, 소성 변형률속도와 과응력의 관계를 자유롭게 결정할 수 있는 임의의 함수이다. 또한 $\langle\ \rangle$는 McCauley의 괄호로 다음을 나타낸다.

$$< \phi(F) >= \begin{cases} 0 & \text{if } F \leq 0 \\ \phi(F) & \text{if } F > 0 \end{cases}$$

탄점소성체의 구성 관계는 식(3.16)에 탄성 변형률 성분을 더하여

$$\begin{aligned} \dot{\epsilon}_{ij} &= \frac{\dot{\sigma}'_{ij}}{2G} + \frac{\dot{\sigma}_{kk}}{9K}\delta_{ij} + \sigma_y < \phi(F) > \frac{\partial F}{\partial \sigma_{ij}} \\ &= \frac{\dot{\sigma}'_{ij}}{2G} + \frac{\dot{\sigma}_{kk}}{9K}\delta_{ij} + \frac{< \phi(F) >}{2\sqrt{\theta(\sigma'_{ij})}} \frac{\partial f}{\partial \sigma_{ij}} \end{aligned} \tag{3.18}$$

마이세스 항복 조건에 따라 $\theta(\sigma'_{ij}) = (3/2)\sigma'_{ij}\sigma'_{ij}$ 라고 한 경우 식(3.16)의 결과는 다음 식으로 간략화할 수 있으며,

$$\dot{\bar{\epsilon}}^p = \sqrt{\frac{2}{3}\dot{\epsilon}^p_{ij}\dot{\epsilon}^p_{ij}} = \phi(F) \tag{3.19}$$

단축하중의 실험 결과 등을 토대로 소성변형률속도와 과응력의 관계를 간단하게 정식화할 수 있다.

3.5 변형률속도 의존성 구성 관계식(응력-변형률 관계)의 구체형

앞에서 살펴본 바와 같이 이방성의 항복 함수 등 복잡한 모델을 사용하는 경우를 제외하면, 마이세스 항복 함수를 이용하여 일축응력에서 정의된 변형률속도 의존성 구성 관계식은 비교적 간단하게 다축응력 환경에서 확장할 수 있는 것으로 나타났다. 따라서 이번 절에서는 일축응력

에서 정의되고 실용화된 변형률속도 의존성 구성 관계식을 몇 가지 소개하겠다.

가장 흔히 볼 수 있는 변형률속도 의존성 구성 관계식 중 하나는 변형률속도 감수성 지수 m을 이용한 다음 식이 될 것이다.

$$\sigma = K(\epsilon^p)^n (\dot{\epsilon}^p)^m \tag{3.20}$$

이런 형태의 구성 관계식은 n승 경화 법칙을 확장한 것이므로 불안정 한계(네킹 발생)를 평가하는 데 유용하다. 변형률속도 의존성이 없는 경우 n승 경화 법칙에서는 단축 인장에서 균일 변형의 상한이 $\epsilon^p = n$으로 부여된다고 알려졌다. 반면 변형률속도 의존성이 있는 경우에는 일단 굴곡이 발생해도 굴곡 부분의 변형률속도가 상승하여 변형 저항의 증가를 초래하므로 굴곡의 진행이 저하되어 균일 변형의 한계가 증가하는 것이 예상된다(열연화의 영향이 없는 경우). 실제로 강철에 따라서는 고속 변형 시 굴곡 발생이 많이 늦어지는 실험 사례도 있다.

Hart는 속도 의존성이 있는 응력–변형률 관계에 대해 안정 변형 한계를 주는 일반 조건을 도출했다.[4] 식(3.20)의 구성 관계에 대해 Hart의 조건을 적용하면 다음 식이 된다.

$$\epsilon^p = \frac{n}{1-m} \tag{3.21}$$

$m = 0$인 경우, 위의 식은 $\epsilon^p = n$에 일치하지만, 일반 금속에서는 $M = 0.02 \sim 0.1$ 정도가 되기 때문에 변형률속도 무의존체의 경우보다 최대 10% 정도 신장률이 커진다. 특히 $m = 0.3 \sim 1.0$ 가까이 되는 초소성체에서는 균일 신장률이 커진다는 사실이 식(3.21)에서도 명확해진다.

변형률저항이 변형률속도의 거듭제곱에 의존하는 구성 관계식 중 Cowper-Symonds 구성 법칙[5]은 수치 계산에 많이 쓰이는 것으로 유명하다.

$$\frac{\sigma_d}{\sigma_s} = 1 + \left(\frac{\dot{\epsilon}^p}{D}\right)^{\frac{1}{p}}$$

(3.22)

여기에서 σ_s는 정적 항복응력, σ_d는 주어진 변형률속도의 동적 변형 저항, D와 p는 재료 정수이다. D와 p의 구체값에 대해서는 문헌[11]을 참조하기 바란다.

식(3.20), (3.22)에서 문제는 D와 p값으로 표현할 수 있는 변형률속도 범위가 좁다는 점이다. 그 이유는 변형률속도가 $1000{\sim}2000s^{-1}$ 이하인 경우 변형 저항의 증가와 변형률속도의 대수가 비례하는 경우가 더 많기 때문이다. 이러한 속도 범위의 변형률속도 의존성 발현 기구는 열활성화 과정에 의한 것으로 알려져 있다.

전위론에 의하면, 매크로 변형률속도 $\dot{\gamma}^p$와 전위운동속도 ν의 관계,

$$\dot{\gamma}^p = Nb\nu$$

(3.23)

그리고 열활성화 과정에 대한 아레니우스Arrhenius 식은 다음과 같다.

$$\nu \propto \nu \, \exp\left(-\frac{H}{kT}\right)$$

(3.24)

또한 매크로 전단 변형률속도는 다음과 같이 나타낼 수 있다.

$$\dot{\gamma}^p = 2\eta \, \exp\left(-\frac{H}{kT}\right)$$

(3.25)

이때 N : 전위밀도, b : 버거스Burgers 벡터, k : 볼츠만Boltzmann 정수, T : 절
대온도 H : 활성 에너지이다.

위의 식 H에 대해서 Lindholm[6]은 다음을 가정하여,

$$H(\tau) = H_0 - V^*(\tau - \tau^*)$$

다음의 식을 얻었다.

$$\dot{\gamma}^p = 2\eta\,\exp\left(-\frac{H_0 - V^*(\tau - \tau^*)}{kT}\right) \tag{3.26}$$

이때 H_0는 전체 활성화 에너지, V^*는 활성화 체적, τ^*는 응력의 비열
적 성분(정적 항복응력에 해당)이다. 식(3.26)의 양변의 대수를 취하고 준
정적 기준 변형률속도를 $\dot{\gamma}_0^p$ 또는 준정적 항복응력을 τ_0로 하여 임의의 변
형률속도의 경우와의 차이를 주면 다음 식이 되어,

$$kT\ln\left(\frac{\dot{\gamma}^p}{\dot{\gamma}_0^p}\right) = V^*(\tau - \tau_0) \tag{3.27}$$

열활성화 과정에서는 변형률속도의 대수와 변형 저항의 증가가 선형 관계
임을 알 수 있다. 식(3.25)는 활성화장벽 형상 선택에 따라 여러 가지 형
식으로 변화한다. 다나카[7]는 활성화 에너지를 다음의 형태로 두고, 각종
티타늄 및 알루미늄 합금의 활성화 부피 V^*와 응력의 열적 성분($\sigma - \sigma^*$)
사이의 관계를 밝혀냈다.

$$H(\sigma) = H_0 - \int V^* d\sigma^* \qquad (3.28)$$

또한 Kock[8]는 활성화 에너지를 $H(\sigma) = H_0\left[1 - \left(\dfrac{\sigma}{\sigma_0}\right)^p\right]^q$ 로 두고, 식 (3.25)를 가장 일반화한 형태의 구성 관계식(3.29)를 제안하고 있다.

$$kT\ln\left(\frac{\dot{\varepsilon}^p}{\dot{\varepsilon}_0}\right) = H_0\left[1 - \left(\frac{\sigma}{\sigma_0}\right)^p\right]^q \qquad (3.29)$$

열활성화 과정이 지배적인 변형률속도 범위에서 온도 의존성을 고려하여, 수치계산에도 많이 사용되는 구성 관계식으로는 Johnson-Cook 모델[9]의 존재가 크다. 이 모델은 식(3.20)과 마찬가지로 n을 기본으로 하고 있는데, 속도 의존성 표현부는 Lindholm[6]과 마찬가지로 변형률속도의 대수에 비례하는 형태로 되어 있다.

$$\sigma = (\sigma_0 + B(\epsilon^p)^n)\left[1 + C\ln\left(\frac{\dot{\epsilon}^p}{\dot{\epsilon}_0^p}\right)\right]\left[1 - \left(\frac{T - T_r}{T_m - T_r}\right)^m\right] \qquad (3.30)$$

이때 B, n, C, m은 재료 정수, T_m은 융점, T_r은 실온, $\dot{\epsilon}_0^p$은 기준 변형률속도를 나타낸다. Johnson-Cook의 식은 비교적 재료 데이터베이스가 잘 갖추어져 있는 것으로 보이며, 값은 문헌[9][10][11]을 참조하기 바란다. 표 3.1은 그 일부를 발췌한 것이다. 유사한 구성 관계식은 필자의 팀에 의해 제안되었으며, 재료 그룹에 따라 통일형 파라미터를 이용한 실용 구성 관계식(3.31) 등도 있다.

$$\sigma = \sigma_s + (\alpha\epsilon^p + \beta)\left(1 - \frac{\sigma_s}{\sigma_{CR}}\right)\ln\left(\frac{\dot{\epsilon}^p}{\dot{\epsilon}_0^p}\right) + B\left(\frac{\dot{\epsilon}^p}{\dot{\epsilon}_u}\right)^m \qquad (3.31)$$

이때 B, m은 재료 고유의 정수인데 α, β, σ_{CR}은 재료 그룹 특유의 파라미터로 표 3.2와 같은 값을 취한다.

표 3.1 Johnson-Cook 모델의 재료 정수(발췌)

재료/파라미터	σ_0/MPa	B/MPa	n	C	M
무탄소동	90	292	0.31	0.025	1.09
아람코철	175	380	0.32	0.060	0.55
1006강	350	275	0.36	0.022	1.00

표 3.2 재료 그룹 특유의 파라미터(식 3.31)

결정 구성	체심 입방 격자	면심 입방 격자		육방 조밀 격자
금속 그룹	순철 및 강	알루미늄 및 합금	동 및 합금	티탄 및 합금
강성률 G	82GPa	26.5GPa	45.5GPa	41.5GPa
σ_{cr}	4.7GPa	1.5GPa	2.6GPa	2.4GPa
α	-46.5MPa	5.5MPa	22.5MPa	14.4MPa
β	19.5MPa	0.9MPa	0.25MPa	13MPa

철강 일부에서는 비교적 저속변형률속도 영역에서도 열활성화 과정으로 설명되는 '응력과 변형률속도 사이의 선형 관계'를 나타내지 않아서, 비선형성이 문제가 되기도 한다. 이런 경우에는 Johnston-Gilman의 정식화가 효과적일 수 있다. Johnston과 Gilman[13]은 식(3.24) 대신 전위운동속도를 전단 응력 함수로 다음 식(3.32)로 부여하였다.

$$\nu = C_0 \, \exp\left(-\frac{D}{\tau}\right) \qquad (3.32)$$

이때 D는 전위운동에 대한 마찰 저항을 나타낸다. 매크로 변형률속도 $\dot{\gamma}^p$와 전위운동속도 ν의 관계(식(3.23))를 고려하면 식(3.32)의 일반형은 예를 들면 다음과 같이 된다.

$$\dot{\gamma}^p = \overline{N}(\gamma^p)\overline{C}\,\exp\!\left(-\frac{D}{\tau}\right) \tag{3.33}$$

여기서 $\overline{N}(\gamma^p)$는 가동 전위 밀도로 일반적으로 매크로 변형 함수이다.

식(3.33)은 변형률속도의 대수로, 응력은 쌍곡선 함수로 나타난다. 또한 $\overline{N}(\gamma^p)$을 변형률에 대해 증가하는 형태로 정의하면 철강 특유의 '상하 항복 현상'을 나타내는 것도 가능하다. 식(3.33)의 발전형을 다음과 같이 주어,[14] fcc 및 bcc 금속의 응력 변형률 의존성을, 저변형 속도 범위에서 고변형 속도 범위까지 잘 표현되었다고 보고했다.

$$\dot{\gamma}^p = N(\overline{\gamma}^p)bC_0\,\exp\!\left(-\frac{D(\overline{\gamma}^p,T)}{\tau-\tau^*(\overline{\gamma}^p,T)}\right) \tag{3.34}$$

또한 식(3.25)와 식(3.32)를 조합하여 보다 폭넓은 변형률속도 범위의 재료 변형률속도 의존성의 정식화를 호죠와 차타니[15]는 다음과 같이 정의했다.

$$\dot{\epsilon}^p = \frac{K_1}{\exp\left(K_2-K_3(\sigma-\sigma^*)\right)+\exp\left(\dfrac{K_4}{\sigma-\sigma^*}\right)} \tag{3.35}$$

식(3.35)는 파라미터의 정의가 약간 복잡하지만 저속도 범위에서 $10^{3\sim4}\mathrm{s}^{-1}$ 고변형 속도 범위까지의 속도 의존성을 정밀하게 표현할 수 있다.

3.6 마치며

　이상으로 속도 의존성 구성 관계식의 기본 구성과 구체적인 모델화의 예를 간단하게 소개했다. 식의 전개가 난해할 수도 있지만 독자들에게 도움이 되었다면 기쁘게 생각한다.

▌참고문헌

[1] L. E. Malvern: J. Appl. Mech, **73** (1951), 203‑208

[2] P. Perzyna : Quart. Appl. Math, **20** (1963), 321‑332

[3] D. C. Drucker: Trans. ASME, Ser. E, **26** (1959), 101

[4] E. W. Hart: Acta Met, **15** (1967), 351‑355

[5] W. J. Ammann, et al : Trans. 8th Int. Conf. on Structural Mechanics, Vol. L (1985), 131

[6] U. S. Lindholm : J. Mech. Phys. Solids, **12** (1964), 317‑335

[7] K. Tanaka, K. Ogawa and T. Nojima : Mechanical Properties at High Rates of Strain, Conf. Ser. 21, Inst. Phys, (1974) 166‑174

[8] U. F. Kocks, A. S. Argon and M. F. Ashby : Progr. Mater. Sci., **19** (1975), 1

[9] M. A. Meyers : Dynamic Behavior of Materials, John Wiley & Sons (1990), 328

[10] J. A. Zukas : High Velocity Impact Dynamics. John Wiley & Sons (1990), 210

[11] 横山隆 : 第 2 回衝撃工学フォーラム, 日本材料学会衝撃部門委員会 (2003), 25‑36

[12] 谷村真治, 三村耕司, 煤田勢 : 材料, 50 巻 3 号 (2001), 210‑216

[13] W. G. Johnstin and J. J. Gilman : J. Appl. Phys. **30**‑2 (1959), 129‑144

[14] S. Tanimura : Int. J. Eng. Sci., **17**‑9 (1979), 997‑1004

[15] 放生明廣, 茶谷明義, 佐々木芳彦 : 材料, 34 巻, 387 号 (1985), 1400‑1405

제4장

충격(동적) 파괴인성 평가법

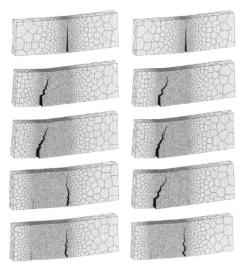

제4장
충격(동적) 파괴인성 평가법

4.1 서 론

최근 여러 산업 분야에서 구조물의 경량화와 고강도화가 요구되고 있기 때문에 예전에 비해 구조부재로 취성 재료가 사용되는 경우가 늘고 있다. 취성 재료는 항복점이 높은 반면, 손상이나 결함으로 인한 응력집중으로 인한 문제에는 취약하다는 특징이 있으며, 따라서 구조설계·평가할 때 파괴역학적 접근의 중요성이 커지고 있다. 또한 일반 재료에서는 변형률속도가 커질수록 항복응력은 커지고 파단 변형률은 작아지는 경향이 있어 변형률속도가 높은 경우에도 파괴역학적 접근법의 중요성이 더욱 커질 것이다. 이밖에 온도가 낮아지거나 구조물의 크기가 커지는 것도 취성 파괴를 유발하는 요인 중 하나이다.

이번 장에서는 먼저 파괴역학에 관한 기본 사항을 정리한 후에 동적영향을 고려한 응력확대계수 K 및 에너지해방률 G에 대해 간단히 설명하고자 한다. 그리고 동적 응력확대계수 K 및 동적 에너지해방률 G의 실용적인 평가 방법에 대해 몇 가지 연구 사례를 소개한다.[1], [2]

4.2 충격(동적) 파괴역학의 개념

이번 절에서는 응력확대계수 K와 에너지해방률 G의 파괴역학의 기본 사항을 정리하고, 충격(동적) 파괴인성의 정의와 평가에 관련된 문제에 대해 대략적으로 설명하려고 한다. 따라서 파괴역학 자체에 관해서는 다른 서적에서 기본적인 정보를 얻을 수 있을 것이다.[3], [4]

4.2.1 파괴역학의 기초

파괴역학은 균열이 있는 재료의 파괴강도 평가를 목적으로 한 역학체계 중 하나이다. 예를 들면, 그림 4.1과 같이 길이 $2a$의 균열을 가진 무한평판에서 일정한 인장응력 σ가 작용한 경우, 균열선단 부근의 응력장은 균열선단을 원점으로 하는 극좌표계 $r-\theta$를 이용하여 다음과 같이 나타내며 각 응력 성분은 $r^{-1/2}$의 특이성을 갖는 분포가 된다.

$$\left.\begin{aligned}
\sigma_x &= \frac{\sqrt{\pi a}}{\sqrt{2\pi r}}\cos\frac{\theta}{2}\left(1-\sin\frac{\theta}{2}\sin\frac{3\theta}{2}\right) \\
\sigma_y &= \frac{\sigma\sqrt{\pi a}}{\sqrt{2\pi r}}\cos\frac{\theta}{2}\left(1+\sin\frac{\theta}{2}\sin\frac{3\theta}{2}\right) \\
\tau_{xy} &= \frac{\sigma\sqrt{\pi a}}{\sqrt{2\pi r}}\cos\frac{\theta}{2}\sin\frac{\theta}{2}\cos\frac{3\theta}{2}
\end{aligned}\right\} \tag{4.1}$$

그림 4.1은 균열면 직각방향으로 외력이 작용하는 경우(모드 I)의 예인데, 그림 4.2와 같이 x방향으로 전단력이 작용하는 경우(모드 II)나 z방향으로 전단력이 작용하는 경우(모드 III)도 있으며, 임의의 외력에 대한 응력장은 이 세 종류의 기본 하중 방식의 중첩으로 탄성 범위 내의 응력장 표현이 가능하다.

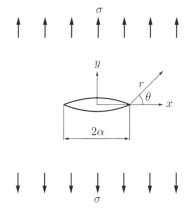

그림 4.1 관통 균열을 갖는 무한평판

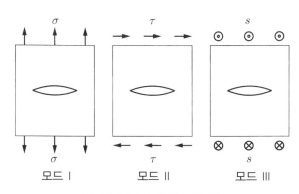

그림 4.2 균열에 대한 하중 방식

위에서 설명한 것은 관통 균열을 가진 무한평판 문제를 다룬 것에 지나지 않지만, 응력장은 식(4.1)에 보정계수를 곱한 것이 된다. 또한 금속재료처럼 거의 균질 등방성으로 볼 수 있는 재료에 대해서는 거시적인 하중 양식이 모드 II나 모드 III이라도 미시적인 파괴 양식이 모드 I에 가까운 상태가 되는 경우가 많으며, 모드 I의 파괴에 대한 강도 평가를 중요하게 인식하고 있다. 그러나 최근 사용성이 확대되고 있는 적층된 복합재료의 적층 간 파괴 문제나 접착·접합 구조물의 계면파괴 문제에서는 이방성이나 불균질성의 영향에 의해 균열면이 구속되기 때문에, 모드 II와 모드 III의 하중 방식에 대한 강도 평가도 중요해진다.[5], [6]

4.2.2 동적 응력확대계수

식(4.1)에서 밝혀진 것처럼 모드 I의 응력장은 $\sigma(\pi a)^{1/2}$에 비례한다. 다른 하중 조건에 대해서도 동일하며, 비례정수에 해당하는 값을 응력확대계수stress intensity factor라 부른다. 즉 그림 4.2의 경계 조건에 대한 응력확대계수 K는 다음과 같이 주어진다.

$$K_{\mathrm{I}}^{\mathrm{stat}} = \sigma\sqrt{\pi a}$$
$$K_{\mathrm{II}}^{\mathrm{stat}} = \tau\sqrt{\pi a} \tag{4.2}$$
$$K_{\mathrm{III}}^{\mathrm{stat}} = s\sqrt{\pi a}$$

여기서, σ, γ, s는 그림 4.2의 균열에서 멀리 떨어져 있는 점에 작용되는 평균 응력이다. 또한 첨자 I, II, III는 하중 조건에 대응하며, 첨자 stat는 정적 문제의 정의이다.

지금까지의 논의는 정적 문제에 대한 것으로, 식(4.1)은 다음 식과 같이 응력 함수 ϕ의 중조화 방정식의 해로 얻어진 것이다.[7]

$$\nabla^2(\nabla^2\phi) = 0 \tag{4.3}$$

한편, 동적 문제의 경우 지배 방정식은 다음과 같은 파동방정식이 되어, 전자는 팽창파, 후자는 전단파의 전파 거동을 나타낸다.[8]

$$\ddot{\varphi} - c_1^2 \nabla^2 \varphi = 0, \quad \ddot{\psi} - c_2^2 \nabla^2 \psi = 0 \tag{4.4}$$

Maue는 그림 4.3처럼 무한평판 내부에 반무한 균열이 갑자기 발생하는 것과 같은 동적 문제에 대하여 응력장을 다음과 같이 나타냈다.[9]

$$\left. \begin{aligned} \sigma_x &= \frac{K_{\mathrm{I}}^{\mathrm{dyna}}}{\sqrt{2\pi r}} \cos \frac{\theta}{2} \left(1 - \sin \frac{\theta}{2} \sin \frac{3\theta}{2} \right) \\ \sigma_y &= \frac{K_{\mathrm{I}}^{\mathrm{dyna}}}{\sqrt{2\pi r}} \cos \frac{\theta}{2} \left(1 + \sin \frac{\theta}{2} \sin \frac{3\theta}{2} \right) \\ \tau_{xy} &= \frac{K_{\mathrm{I}}^{\mathrm{dyna}}}{\sqrt{2\pi r}} \cos \frac{\theta}{2} \sin \frac{\theta}{2} \cos \frac{3\theta}{2} \end{aligned} \right\} \tag{4.5}$$

즉 동적 문제도 정적 문제와 마찬가지로 균열선단 부근의 응력장은 균열선단에서의 거리 r에 대해 $r^{-1/2}$의 특이성을 가지며, 편각 θ도 완전히 동일한 분포가 된다. 단, 응력장의 강도를 나타내는 비례정수 $K_{\mathrm{I}}^{\mathrm{dyna}}$는 정적 응력확대계수 $K_{\mathrm{I}}^{\mathrm{stat}}$와 달리 시간 t의 함수이다. 이러한 $K_{\mathrm{I}}^{\mathrm{dyna}}$를 동적 응력확대계수 dynamic stress intensity factor라고 부르며, $t^{1/2}$에 비례하여 증가한다고 나타났다.

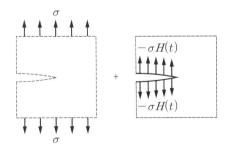

그림 4.3 동적 하중을 받는 무한평판

Sih는 Maue의 해석을 더욱 발전시켜 균열길이가 유한한 문제의 해를 도출했다. 그 결과 동적 응력확대계수 K_I^{dyna}는 균열면에 발생하는 레일리Rayleigh파의 반사와 간섭으로 인해 그림 4.4와 같은 진동을 일으킨다.[10] 또한 유한한 경계를 가진 부재에서는 응력파의 경계면 반사에 의해 동적 응력확대계수 K_I^{dyna}의 시간 변화는 매우 복잡해져, 이론 해를 얻기가 어려워진다.

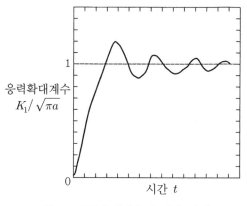

그림 4.4 응력확대계수의 시간 이력

4.2.3 동적 에너지해방률

응력확대계수 K는 균열선단 부근 응력장의 상사성에 착안하여 정의된 파라미터였지만, 균열 진전 전후의 에너지변화에 주목하여, 이와 등가인 파라미터를 정의할 수 있다. 파괴역학에서는 이를 에너지해방률energy release rate이라 부르며 정적 문제의 경우 다음 식으로 정의한다.

$$G = \frac{\partial W}{\partial A} - \frac{\partial U}{\partial A} \equiv G^{\mathrm{stat}} \tag{4.6}$$

이때 U는 물체에 축적되는 변형률에너지, W는 외력이 하는 일이며, A는 균열 면적이다. 또한 에너지해방률 G에 대해서도 응력확대계수 K와 마찬가지로 하중 조건에 따라 분리가 가능하다. 또한 재료가 균질하고 등 방성인 경우 응력확대계수 $K_\mathrm{I}^\mathrm{stat}$, $K_\mathrm{II}^\mathrm{stat}$, $K_\mathrm{III}^\mathrm{stat}$와 에너지해방률 $G_\mathrm{I}^\mathrm{dyna}$, $G_\mathrm{II}^\mathrm{dyna}$, $G_\mathrm{III}^\mathrm{dyna}$의 사이에는 다음 식과 같은 관계가 성립해 에너지해방률 G가 응력확대계수 K와 등가 파라미터임을 알 수 있다.

$$G_\mathrm{I}^\mathrm{stat} = \frac{(K_\mathrm{I}^\mathrm{stat})^2}{E'}$$

$$G_\mathrm{II}^\mathrm{stat} = \frac{(K_\mathrm{II}^\mathrm{stat})^2}{E'} \tag{4.7}$$

$$G_\mathrm{III}^\mathrm{stat} = \frac{(K_\mathrm{III}^\mathrm{stat})^2}{2\mu}$$

이때 E'는 길이방향 탄성률 E와 푸아송비 ν로 나타나는 재료 상수로, 평면 응력 상태에서는 $E' = E$, 평면 변형률 상태에서는 $E' = E/(1 - \nu^2)$가 된다. 동적 문제의 경우 식(4.6)에 운동에너지 T항을 추가하여 에너지해 방률 G를 다음과 같이 정의한다.

$$G = \frac{\partial W}{\partial A} - \frac{\partial U}{\partial A} - \frac{\partial T}{\partial A} \equiv G^\mathrm{dyna} \tag{4.8}$$

이러한 G^dyna를 동적 에너지해방률dynamic energy release rate이라 부른다. 이 때 유의할 점은 식(4.8)에는 운동에너지 T항뿐 아니라 변형률에너지 U와 일량 W항에 대해서도 동적 하중의 영향이 포함된다는 점이다. 변형률에 너지 U항을 예로 들면 동적 하중에 따른 변형률 거동은 정적 하중에 대한 변형률 거동과 다르다는 점에 주의해야 하며, 충격(동적) 파괴인성을 결정 하는 데 가장 중요한 포인트 중 하나이다.

아울러 정적 문제와 마찬가지로 동적 문제에서도 응력확대계수 $K_\mathrm{I}^\mathrm{dyna}$,

$K_{\text{II}}^{\text{dyna}}$, $K_{\text{III}}^{\text{dyna}}$와 에너지해방률 $G_{\text{I}}^{\text{dyna}}$, $G_{\text{II}}^{\text{dyna}}$, $G_{\text{III}}^{\text{dyna}}$ 사이에는 다음과 같은 관계가 성립한다.

$$G_{\text{I}}^{\text{dyna}} = \frac{(K_{\text{I}}^{\text{dyna}})^2}{E'}$$

$$G_{\text{II}}^{\text{dyna}} = \frac{(K_{\text{II}}^{\text{dyna}})^2}{E'} \tag{4.9}$$

$$G_{\text{III}}^{\text{dyna}} = \frac{(K_{\text{III}}^{\text{dyna}})^2}{2\mu}$$

정적 문제에서는 에너지해방률 G와 등가 물리량으로 J적분이라는 파라미터가 제안되었다. 동적 문제는 J적분을 확장한 동적 $\hat{J}$적분이라는 파라미터가 제안되었으며, 균열선단을 포함한 임의 영역 Ω(경계를 Γ라고 한다)의 에너지 변화를 고려하여 다음 식으로 정의된다.

$$\hat{J} = \int_{\Gamma} (W_e n_1 - T_i u_{i,1})d\Gamma + \iint_{\Omega} \rho \ddot{u}_i u_{i,1} d\Omega \tag{4.10}$$

이때 W_e는 단위체적당 변형률에너지, T_i, u_i는 경계 Γ에서 응력 벡터 및 변위 벡터, n_i는 경계 Γ의 법선 벡터의 x_1방향 성분이다.

4.2.4 충격(동적) 파괴인성

파괴역학에서는 물체에 작용하는 외력이나 균열길이에 의해 결정되는 응력확대계수 K 또는 에너지해방률 G가 재료 고유의 임계값 K_C 또는 G_C를 넘어선 경우에 균열이 진전할 것으로 정의된다. 즉, 정적 문제도 동적 문제도 균열 진전 조건은 다음과 같다.

$$K \geq K_C \tag{4.11}$$

$$G \geq G_C \tag{4.12}$$

이때 임계값 K_C 또는 G_C를 파괴인성fracture toughness 또는 균열 진전 저항crack resistance이라 부른다. 이에 반해 응력확대계수 K와 에너지해방률 G를 균열구동력crack driving force이라 부른다. 또한 균열이 있는 부재의 동적 문제는 정지 균열의 동적 하중에 의한 진전 개시를 취급하는 문제와 고속으로 전파되는 운동 균열의 진전과 정지를 취급하는 문제로 크게 둘로 나뉘는데, 여기에서는 주로 전자에 대한 논의를 진행하고 동적 하중에 의한 균열 진전 개시의 임계값 K_C^{dyna} 또는 G_C^{dyna}를 동적 파괴인성dynamic fracture toughness 또는 충격(동적) 파괴인성이라고 부르겠다.

식(4.11) 또는 식(4.12)에서 알 수 있듯이 파괴역학적으로 구조 강도를 평가하기 위해서는 균열구동력인 응력확대계수 K 또는 에너지해방률 G를 정확히 파악하는 것과 사용되는 재료의 강도 특성인 임계 응력확대계수 K_C 또는 임계 에너지해방률 G_C를 정확히 파악하는 것이 필수이다. 전자에 관해서는 정적 문제와 마찬가지로 동적 문제에서도 유한요소법 등의 수치해석기법의 활용이 효과적이다.

후자에 관해서는 적절한 시편을 이용하여 강도 시험(파괴인성 시험)을 실시하게 되는데, 이때 1) 시편에 작용하는 하중이나 변위를 정확하게 측정할 수 있을 것, 2) 측정된 하중과 변위로부터 응력확대계수 K와 에너지해방률 G를 정확하게 산출할 수 있을 것, 3) 균열 진전 개시점(균열 진전 개시 시각)을 정확하게 결정할 수 있는 것 등이 요구된다. 정적 파괴인성 K_C^{stat} 또는 G_C^{stat}를 평가할 경우에는 이 요건들은 비교적 용이하게 결정되지만 동적 파괴인성 K_C^{stat} 또는 G_C^{stat}를 평가할 경우에는 1)~3)의 요건 모두 많은 어려움이 따른다.

4.3 충격(동적) 파괴인성의 측정 예

앞 절에서 서술한 바와 같이 충격 파괴인성을 평가할 경우 1) 하중이나 변위의 측정, 2) 응력확대계수와 에너지해방률의 산출, 3) 균열 진전 개시점의 결정에 있어서 응력파의 전파 거동이나 관성력의 영향 등에 대한 고려가 필수적이다. 이번 절에서는 이 조건들을 충족시키면서 충격 파괴인성을 측정한 연구 사례를 소개한다.

4.3.1 수치해석을 활용하는 방법

기본적으로 동적 응력확대계수 $K(t)$ 또는 동적 에너지해방률 $G(t)$는 식(4.4)로 주어지는 파동방정식의 경계값 문제의 해로 얻을 수 있다. 그러나 이미 말했듯이 매우 단순한 경계 조건의 경우를 제외하고, 식(4.4)의 엄밀해를 얻기는 어렵다. 따라서 유한요소법 등 이산화 해법을 이용하여 근사해를 구하는 것이 실용적이다. 이런 종류의 연구는 다수 보고되었으나 여기에서는 Maikuma의 연구 사례를 소개하겠다.[11]

그림 4.5는 CNF 시편을 이용하여 CFRP 재료의 모드 II 충격 파괴인성 평가 방법의 모식도이다. 충격하중을 적용하기 위해 일정 무게의 추를 어느 정도 높이에서 낙하시키는 충격 실험 방법을 사용하여 낙하추 선단 부근에 붙인 변형률 게이지의 출력값을 이용하여 충격하중 $P(t)$와 파괴 시각 t_C를 추정한다. 또한 충격 파괴인성의 평가 파라미터로는 에너지해방률 G_{II} 을 이용하고 있으며 유한요소법에 의한 충격응답해석결과를 토대로 다음 식을 이용하여 동적 에너지해방률 $G_{II}(t)$를 산정하고 있다.

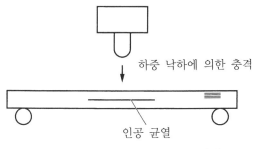

하중 낙하에 의한 충격

인공 균열

그림 4.5 충격하중을 받는 CNF 시편

$$G_{\mathrm{II}}(t) = \frac{F_x(t)\,U_x(t)}{2b\Delta a} \tag{4.13}$$

이때 $F_x(t)$는 균열선단 절점에 작용하는 절점력, $U_x(t)$는 파열선단 개구 변위, Δa는 파열선단 부분의 최소 요소의 크기, b는 시편의 두께이다. 또한 이 연구에서는 실험에서 얻은 충격하중 $P(t)$를 시편의 입력으로 사용했다. 또한 그림 4.6과 같이 수치해석으로 얻은 동적 에너지해방률 $G_{\mathrm{II}}(t)$와 실험으로 얻은 파괴 시각 t_C를 이용하여, 모드 II 충격 파괴인성값 $G_{\mathrm{II}}C$를 결정했다. 하중속도 $d\delta/dt$는 1.5m/s 정도이다.

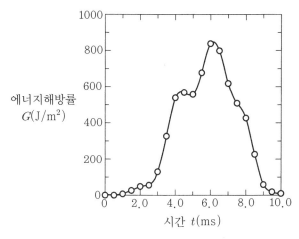

그림 4.6 동적 에너지해방률의 시간 이력

이 기법의 가장 큰 단점은 충격 파괴인성의 평가 정밀도가 수치해석의 정밀도에 의존한다는 점이며, 그림 4.6의 사례와 같이 시편의 변형거동에 동적 하중의 영향이 크게 나타나는 경우에는 수치해석 결과의 해석에 세심한 주의가 필요하다. 또한 이 사례에서는 충격하중 $P(t)$의 측정에 낙하하는 선단에 붙인 변형률 게이지의 출력을 사용하기 때문에 로퍼스 필터를 이용하여 고차원의 진동 성분을 제거했다는 점도 유의해야 한다.

4.3.2 중첩 적분을 이용하는 방법

유한요소법을 비롯한 이산화 해석 기법은 이번 장에서 다루고 있는 충격파괴 문제 외에도 동적 현상을 간편하게 다루기 위한 매우 유용한 수단이다. 그러나 컴퓨터의 처리 능력이나 프리포스트 프로세서 등 소프트웨어의 성능이 향상되었다고는 하지만, 정밀도가 높은 해를 얻기 위해서는 다양한 연구와 경험, 작업시간이 필요하다. 이에 반해 이번 절에서 소개하는 중첩 적분을 이용한 기법은 계산에 소요되는 부담이 매우 작으며, 매우 간단하게 동적 응력확대계수 $K(t)$와 동적 에너지해방률 $G(t)$를 산출하는 것이 가능하다. 여기에서는 대표적인 사례로 Kishimoto의 연구를 소개한다.[12]

그림 4.7과 같이 노치Notch를 갖는 시편을 대상으로 동적 응력확대계수 $K_I(t)$의 평가를 시도하고자 한다. 이러한 시편에 충격하중 $P(t)$가 작용한 경우, 하중 개시로부터 탄성파가 시편 내부를 수차례 왕복한 후 시편의 변형거동을 보의 기본 진동 모드의 중첩으로 근사로 표현할 수 있다. 이를 토대로 본 연구에서는 다음 식과 같이 중첩적분을 이용하여 동적 시간 응력확대계수 $K_I(t)$를 추정하게 된다.

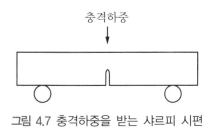

충격하중

그림 4.7 충격하중을 받는 샤르피 시편

$$K_{\mathrm{I}}(t) = \frac{K_{\mathrm{I}}^{*}\,\omega_1}{P(t)} \int_{0}^{t} P(\tau)\sin\omega_1(t-\tau)d\tau \qquad (4.14)$$

이때 K_{I}^{*} 는 정적 문제에 대한 평가식을 이용하여 산출된 응력확대계수, ω_1은 시편의 고유진동수이다. 그림 4.8에 이 방법을 이용하여 산출한 동적 응력확대계수 $K_{\mathrm{I}}(t)$의 시간 이력을 나타낸다. 그림에서 알 수 있듯이 동적 응력확대계수 $K_{\mathrm{I}}(t)$는 시간이 지날수록 크게 진동하면서 증가하고 있다.

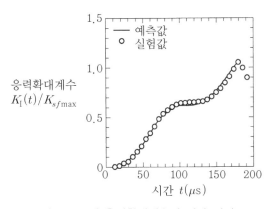

그림 4.8 동적 응력확대계수의 시간 이력

이 방법은 앞 절에서 소개한 수치해석을 원용한 방법에 비해 훨씬 간단히 동적 파괴인성을 평가할 수 있는 반면, 유한요소법 등 이산화 해석기법에 유사할 정도의 정밀도가 높은 해를 기대할 수는 없다. 이러한 경향은 시편의 변형거동에 동적 하중의 영향이 클수록 현저하게 나타난다.

4.3.3 동적 응답을 제어하는 방법

시편이 충격하중을 받았을 경우, 변형속도가 커지면 동시에 변형 가속도도 커진다. 재료평가라는 관점에서는 파괴인성의 가속도 의존성도 무시할 수 없지만, 대부분의 경우 속도 의존성이 중요하다. 한편 동적하중에 의한 변형거동과 정적하중에 의한 변형거동 차이의 본질적인 요인은 관성력, 즉 변형률가속도를 무시할 수 있는지에 달려 있다. 즉, 충격파괴인성 평가에서 충분한 변형률속도를 얻는 것은 필수이지만, 변형률가속도는 오히려 작은 편이 바람직하다. 이러한 관점에서 시편에 가해지는 충격하중 $P(t)$의 시간이력을 제어함으로써 고변형률속도와 저변형률가속도로 시편을 변형시켜 고정밀도로 충격 파괴인성 평가를 시도한다. 여기에서는 대표적인 사례로 Kusaka의 연구 사례를 소개하겠다.[13]

그림 4.9와 같은 사례에서는 MMF 시편을 이용하여 CFRP재의 혼합모드(모드 I+II) 충격 파괴인성 평가를 시도한다. 충격하중에는 홉킨슨봉 충격시험법을 사용하여 시편 표면의 균열선단 부근에 붙인 변형 게이지 출력 $\epsilon(t)$에서 동적 에너지해방률 $G(t)$를 산출했다. 예를 들어 J적분의 경우 적분 영역 $\varGamma$을 충분히 작게 만들면 식(4.10)은 다음과 같이 간략화되고 우변의 3항은 소실된다.

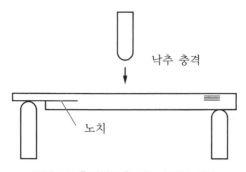

그림 4.9 충격하중을 받는 MMF 시편

$$\hat{J} = \lim_{\Gamma \to 0} \int_\Gamma (W_e n_1 - T_i u_{i,1}) d\Gamma \qquad (4.15)$$

이는 변형률 $\epsilon(t)$의 측정점과 균열선단의 거리가 충분히 작은 경우 운동에너지 항을 무시할 수 있음을 나타낸다. 또한 이때 적분 영역 Γ 내의 응력분포가 정적하중에 대한 응력분포와 유사하면 식(4.15)의 피적분함수는 정적 문제와 같아지므로, 정적 문제에 대한 평가식을 이용하여 동적 에너지해방률 $G(t)$를 충분한 정밀도로 산출할 수 있다. 실제로 그림 4.10과 같이 충격하중을 제어했을 경우 동적 에너지해방률 G^{dyna}는 정적하중을 가할 경우의 에너지해방률 G^{stat}와 거의 일치한다.

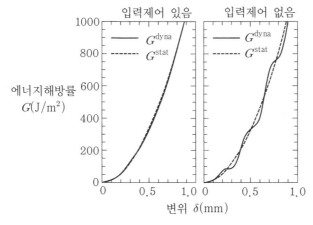

그림 4.10 동적 에너지해방률의 시간 이력

이에 반해 충격하중을 제어하지 않는 경우는 동적 에너지해방률 G^{dyna}의 진동이 커져 정적하중을 가했을 경우의 에너지해방률 G^{stat}와 상당히 달라진다. 또한 이 연구에서 오가와가 CFRP재의 충격 굽힘시험에 이용한 기법과 마찬가지로 홉킨슨봉법의 타출봉과 입력봉 사이에 완충재를 삽입함으로써 하중속도를 제어하고 있다.[14]

이 기법에서는 관성력의 영향이 적고 동적 에너지해방률 $G(t)$를 실험만으로도 매우 고정밀도로 산출할 수 있기 때문에, 균열 진전 개시 직전의 비선형 거동을 상세하게 파악할 수 있다. 그러나 하중속도가 매우 큰 경우나 파괴까지의 시간이 매우 짧은 경우에는 관성력의 영향을 무시할 수 없게 되어 동적 에너지해방률 $G(t)$의 평가에 큰 오차가 발생할 가능성도 있다는 점에 유의해야 한다.

4.3.4 광학적 측정을 이용하는 방법

광탄성법을 비롯한 광학적 측정법은 부재의 변형상태를 비접촉으로 한 2차원 정보로 파악할 수 있다는 점에서 파괴역학 분야에서도 널리 사용되고 있다.[16] 그중에서도 코스틱법이라고 불리는 측정법은 고속도 카메라와 조합하여 동적 응력확대계수 $K(t)$ 혹은 동적 에너지해방률 $G(t)$를 높은 정밀도로 측정할 수 있다. 여기서는 대표적인 것으로 Kalthoff의 연구 사례를 소개한다.[16]

그림 4.11과 같이 이 방법에서는 SENB 시편을 대상으로 동적 응력확대계수 $K_{\mathrm{I}}(t)$의 평가를 시도한다. 평평한 시편이 외력을 받아 변형할 때 응력집중에 의해 균열선단 부근은 오목하게 변형시키고 시편이 광투과성이 있는 경우는 균열선단이 오목렌즈와 같은 기능을 한다. 이로 인해 시편을 사이에 두고 광원 반대쪽에 놓인 스크린에는 균열선단 부근의 변형 상태에 대응한 크기의 그림자이 비치게 된다. 실제로는 Kalthoff가 반사형 코스틱법을 사용했으며, 고속도 카메라로 촬영된 코스틱 상의 직경 D를 바탕으로 다음 식(4.16)을 이용하여 동적 응력확대계수 $K_{\mathrm{I}}(t)$를 산출한다.

$$K_{\mathrm{I}}(t) = \frac{2\sqrt{\pi}\,D^{5/2}(t)}{3(3.17)^{5/2}z_0 d_e} \tag{4.16}$$

충격하중

그림 4.11 충격하중을 받는 SENB 시편

이때 z_0은 시편과 스크린의 거리, d_e는 시편의 유효 두께이다. 그림 4.12는 이 방법을 이용해 산출한 동적 응력확대계수 $K_I(t)$의 시간이력이다. 그림에서 알 수 있듯 코스틱법을 이용해 산출한 동적 응력확대계수 K_I^{dyna}는 진동이 작지만 충격하중 $P(t)$를 바탕으로 정적 문제에 대한 평가식을 이용하여 산출한 응력확대계수 K_I^{stat}는 진동이 크다. 즉, 이러한 경우에는 정적 문제에 대한 평가식을 이용하여 동적 응력확대계수 $K_I(t)$를 산출할 수 없다.

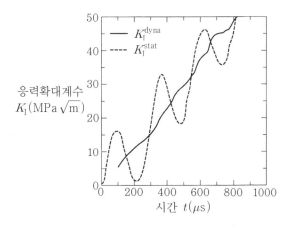

그림 4.12 동적 응력확대계수의 시간 이력

이 기법은 광학적 측정만으로 동적 파괴인성을 직접적으로 평가할 수 있기 때문에 하중속도가 상당히 큰 경우에도 높은 정밀도로 측정이 가능하다. 또한 정지 균열뿐 아니라 고속 진전 균열에도 적용 가능하다. 그러나 시험방법 자체가 간단하지 않으며 시편 제작에도 높은 정밀도가 요구된다.

4.4 마치며

이번 장에서는 충격 파괴인성의 개념과 실용적 측정법에 대해 간략하게 설명하였으나, 여기에서 소개한 시험방법은 장단점이 있으므로, 현시점에서는 충격 파괴인성의 측정 기술이 완전하게 표준화되어 있다고는 할 수 없다. 서두에서 언급했듯이 기계 구조물의 고성능화로 인해 향후 충격 파괴인성에 대한 관심은 더욱 증가할 것으로 예상되지만, 필자는 시험 방법이나 시편의 표준화를 포함한 새로운 연구 개발이 필요하다고 생각한다. 또한 재료 개발 관점에서는 변형률속도 상승에 따른 파괴 메커니즘의 변화를 규명하는 일도 중요하며, 이를 위해서는 더 많은 연구 성과를 축적해야 할 것이다.

참고문헌

[1] 林卓夫, 田中吉之助編著 : 衝撃工学, 日刊工業新聞社 (1988)

[2] L. B. Freund : Dynamic Fracture Mechanics, Cambridge (1990)

[3] D. Broek : Elementary Engineering Fracture Mechanics, Kluwer (1974)

[4] 岡村弘之 : 線形破壊力学入門, 培風館 (1976)

[5] 結城良治 : 界面の力学, 培風館 (1993)

[6] D. Hull and T. W. Clyne : An Introduction to Composite Materials, Cambridge (1981)

[7] 星出敏彦 : 基礎強度学, 内田老鶴圃 (1998), 第 2 章

[8] 岸田敬三 : 固体の動力学, 培風館 (1993), 第 3 章

[9] A. W. Maue : Zeitschrift fur Angewandte Mathematik und Mechanik, **34** (1954), 1－12

[10] G. C. Sih and J. F. Loebar : Quarterly of Applied Mathematics, **27** (1969), 193－213

[11] H. Maikuma, W. Gillespie and D. J. Wilkins : Journal of Composite Materials, 24 (1990), 124－149

[12] K. Kishimoto, S. Aoki and M. Sakata : Engineering Fracture Mechanics, 13 (1980), 501－508

[13] T. Kusaka : JSME International Journal, Series A, **46** (2003), 328－334

[14] 小川欽也, 東田文子 : 強化プラスチック, **36** (1990), 123－129

[15] 高橋 賞 : フォトメカニクス, 山海堂 (1997)

[16] J. F. Kalthoff : International Journal of Fracture, **27** (1985), 277－298

제5장

충격파괴역학의
기초와 응용

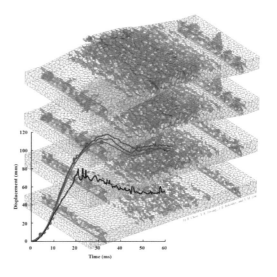

❚ 앞의 그림

철근 콘크리트 슬래브에 폭발하중이 가해진 경우 시간 스텝에 따른 수치해석 파괴 패턴을 조합하여 나타낸 결과

*Choo, B., Hwang, Y. K., Bolander, J. E., & Lim, Y. M. Failure Simulation of Reinforced Concrete Structures Subjected to High-loading Rates using Three-dimensional Rigid-Body-Spring-Networks *International Journal of Impact Engineering*, (submitted).

제5장

충격파괴역학의
기초와 응용

5.1 서 론

파괴 문제에서 물체 관성력의 영향을 무시할 수 없는 경우에는 동적파괴역학으로 취급해야 한다. 이러한 문제를 다루는 학문 분야가 동적 파괴역학이다. 동적파괴역학은 크게 충격파괴역학과 고속파괴역학으로 분류할 수 있다.[1], [5] 충격파괴역학에서는 물체의 동적하중이나 응력파하중에 의한 파괴를 주 대상으로 한다. 한편 고속파괴역학에서는 물체 내부를 동적으로 이동하는 균열의 전파, 가속, 감속, 곡진, 굴절, 분기, 정지 등 균열선단 운동을 주로 다룬다. 어떠한 경우든 충격파괴가 계속되다 보면 고속파괴로 이어지기 마련이고 기계나 구조물은 파괴에 가까운 손상을 입게 된다. 특히 선박, 원자로의 압력용기, 항공기, 고층건물 등에서 충격파괴가 원인이 되어 구조물 전체가 파괴된다면 인류·환경·인명에 큰 피해를 입히게 된다. 이번 장에서는 충격파괴역학에 중점을 두되 앞에서 설명한 바와 같이 충격파괴는 고속파괴와 뗄 수 없는 관계이므로 보다 일반적인 동적파괴역학의 관점에서도 설명을 하려고 한다. 또한 지면 관계상 충격파괴역학의 기초에 초점을 맞추었다.

5.2 충격파괴역학의 기본 사항

5.2.1 동적균열선단장의 응력 성분 및 형률 성분

동적파괴해석이나 동적파괴역학의 기본적인 사항에 대해 아래에서 간략히 설명하겠다. 균열선단에서 세 개의 독립적인 변형 조건, 즉 모드 I (개구형), 모드 II(면내 전단형) 및 모드 III(면외 전단형)으로 나눌 수 있다. 이때 시간 t의 균열길이를 $a(t)$로 표기한다. 균열의 전파에서는 시간과 함께 균열길이 a가 증가한다. 이때의 균열속도를 $C = \dot{a}$로 표기한다. 여기에 찍힌 방점은 시간미분을 의미한다. 또한 균열선단 좌표계 $x_i^0 (i = 1, 2, 3)$의 역학량의 성분을 $(\ )^0$로 표기한다. 또한 재료 내부의 각 점의 좌표값은 균열선단 극좌표계$(\gamma,\ \theta)$를 토대로 나타내기로 한다.

균열을 가진 탄성체의 응력 성분 및 변위 성분은 다음 식과 같이 각 모드의 독립 성분의 합으로 나타낼 수 있다.

$$\sigma_{ij}^0 = \sum_{M=I}^{III} (\sigma_{ij}^0)_M \tag{5.1}$$

$$u_i^0 = \sum_{M=I}^{III} (u_i^0)_M \tag{5.2}$$

균열선단에서 균열의 상하면$(\theta = \pm \pi)$ 응력 자유 조건$(\sigma_{12}^0 = \sigma_{22}^0 = \sigma_{23}^0 = 0)$

및 균열 전방에서의 변위 연속성과 유한성 조건에서 고유값에 대한 문제가 되어 점근 고유 전개가 가능해진다. 예를 들면 충격하중에서 2차원 동적 정류 균열선단은 정적 균열선단과 형식상 표기가 같아지며, 응력 및 변위는 다음과 같이 점근 전개할 수 있다.

$$(\sigma_{ij}^0)_M = \sum_{n=1}^{\infty} K_{Mn}(t) r^{n/2-1} f_{ij}^{Mn}(\theta), \quad M = \mathrm{I}, \ \mathrm{II}, \ \mathrm{III} \tag{5.3}$$

$$(u_i^0)_M = \sum_{n=0}^{\infty} K_{Mn}(t) r^{n/2} g_i^{Mn}(\theta), \quad M = \mathrm{I}, \ \mathrm{II}, \ \mathrm{III} \tag{5.4}$$

식(5.3), 식(5.4)를 통해 균열선단의 점근 전개에 균열선단으로부터의 거리 r의 차수를 연관 지어 1) $n = 0$일 때: 무응력장 및 강체 변위장, 2) $n = 1$일 때: 특이 응력장 및 대응하는 변위장, 3) $n = 2$일 때: 응력장 및 선형 변위장, 4) $n \geq 3$일 때: 이 이상의 고차원 응력장 및 변위장이 포함되어 있음을 알 수 있다. 특히 $n = 1$의 응력항은 $r^{-1/2}$ 차수의 특이성을 가지며, 균열선단($r = 0$)에서 무한대가 된다. 충격파괴역학을 포함한 선형 파괴역학의 기본적인 변수인 응력확대계수는 특이응력장 계수로 정의된다. 따라서 각 모드의 동적 응력확대계수dynamic stress intensity factor K_{I}, K_{II}, K_{III}는 파열 첨단 응력장 점근 전개 제1항($n = 1$)의 계수와 동일하며 다음 식이 주어진다.

$$K_{Mn}(t) = K_{M1}(t), \quad M = \mathrm{I}, \ \mathrm{II}, \ \mathrm{III} \tag{5.5}$$

특히 충격하중에서 균열선단 특이장($n = 1$)은 정적인 경우와 동일하게 표기한다.

5.2.2 동적 응력확대계수

충격하중에서의 시간 t에 있어서 각 모드의 동적 응력확대계수는 위의 특이 응력의 균열 전방($\theta = 0$)의 시간 t에서의 분포를 이용하여 다음 식으로 각각 정의된다.

$$\left\{\begin{array}{c} K_I(t) \\ K_{II}(t) \\ K_{III}(t) \end{array}\right\} = \lim_{r \to 0} \sqrt{2\pi r} \left\{\begin{array}{c} \sigma_{22}^0(t) \\ \sigma_{12}^0(t) \\ \sigma_{32}^0(t) \end{array}\right\}_{\theta = 0} \tag{5.6}$$

충격하중의 동적 응력확대계수의 응답에 관해서는 수학적 해석 사례가 다수 존재한다. 예를 들어 고체 내부의 정류 균열에 각 모드의 계단 응력파 ($\sigma_I = \sigma_{22}^0$, $\sigma_{II} = \sigma_{12}^0$, $\sigma_{III} = \sigma_{32}^0$), 즉 $\sigma_M(t)$($M=$I, II, III)이 시각 $t = 0$으로 입사하는 경우 응력확대계수는 다음과 같이 시간에 따라 변화한다.

$$K_M(t) = D_M(\rho, \mu, \nu)\sigma_M(t)\sqrt{t}, \quad M= \text{I, II, III} \tag{5.7}$$

이때 D_M($M=$I, II, III)은 밀도 ρ이며, 푸아송비 ν, 횡방향 탄성률 μ와 같은 재료 정수에만 의존하는 계수이다. 응력파가 분열 선단에 입사하면, 응력확대계수는 시간 t의 제곱근에 비례하여 응답하는 것을 알 수 있다. 한편 고속 균열의 응력확대계수는 다음 식으로 표기된다.[11], [12]

$$K_M(t, C) = k_M(C)K_M^*(t), \quad M= \text{I, II, III} \tag{5.8}$$

이때 $k_M(C)$는 균열속도만으로 이루어진 함수이며, 모든 탄성고속균열에 공통적으로 나타난다. $K_M^*(t)$는 정적계수static factor라고도 하며, 시각 t의 균열길이, 하중, 전파 이력 등에 의존하는데, 균열속도에는 의존하지 않는다. $k_M(C)$는 균열속도의 단조감소함수로 $C = 0$일 때 $k_I = k_{II} = k_{III} = 1$이며, k_I 및 k_{II}는 $C = C_R$(표면파 속도)로 0, k_{III}는 $C = C_S$(전단파 속도)로 0이 된다. 또한 $K_M^*(t)$는 같은 균열길이의 정적 응력확대계수와는 일반적으로 다른 값을 갖는다. 식(5.8)에서 알 수 있듯 균열속도가 갑자기 증가한 경우, 응력확대계수는 $k_M(C)$의 감소량만큼 감소하는 것을 알 수 있다.

5.2.3 동적 에너지해방률

동적 파괴역학의 중요한 변수인 동적 에너지해방률은 균열의 동적 전파에 대하여 다음 식으로 표기한다.

$$G = \frac{1}{B}\left(\frac{d\overline{P}}{da} - \frac{d\overline{W}}{da} - \frac{d\overline{K}}{da}\right) = \frac{1}{B \cdot C}\left(\frac{d\overline{P}}{dt} - \frac{d\overline{W}}{dt} - \frac{d\overline{K}}{dt}\right) \qquad (5.9)$$

이때 B는 대상 판의 두께, $\overline{P}$는 외력에 의한 일, $\overline{W}$ 및 $\overline{K}$는 각각 물체에 축적된 변형률에너지와 운동에너지이다. 또한 균열이 있는 물체의 변형률에너지, 운동에너지 및 외력을 포함한 포텐셜에너지를 Π를 이용하며, 동적 에너지해방률은 다음 식으로 표현된다.

$$G = \frac{1}{B}\frac{d\Pi}{da} \qquad (5.10)$$

동적 에너지해방률과 각 모드의 동적 응력확대계수의 관계는 다음 식으로 주어진다.[13]

$$G = G_I + G_{II} + G_{III}$$

$$= \frac{1}{2\mu}\left\{ A_I(C)K_I^2 + A_{II}(C)K_{II}^2 + A_{III}(C)K_{III}^2 \right\} \tag{5.11}$$

이때 μ은 횡방향 탄성률이다. 균열속도함수 $A_M(C)$, $(M = I, II, III)$는 다음 식이 된다.

$$A_I(C) = \beta_1(1 - \beta_2^2)/D(C)$$

$$A_{II}(C) = \beta_2(1 - \beta_2^2)/D(C)$$

$$A_{III}(C) = 1/\beta_2 \tag{5.12a, b, c, d}$$

$$D(C) = 4\beta_1\beta_2 - (1 + \beta_2^2)^2$$

이때 β_1 및 β_2는 균열속도변수이며 다음으로 정의된다.

$$\beta_1 = \sqrt{1 - C^2/C_d^2}, \quad \beta_2 = \sqrt{1 - C^2/C_S^2} \tag{5.13a, b}$$

C_d, C_S는 각각 탄성체 내부의 팽창파 속도, 전단파 속도이다. 충격하중을 받는 정류 균열은 균열속도를 $C = 0$으로 두고, 식(5.12), (5.13)을 이용하면 다음 관계식을 얻을 수 있다.

$$G = G_I + G_{II} + G_{III}$$

$$= \frac{\kappa + 1}{8\mu}\left\{ K_I^2(t) + K_{II}^2(t) + \frac{1}{2\mu}K_{III}^2(t) \right\} \tag{5.14}$$

κ은 푸아송비 ν의 함수($\kappa = 3 - 4\nu$: 평면 변형률, $\kappa = (3 - \nu)/(1 + \nu)$: 평면 응력)이다.

5.2.4 동적 균열에 대한 경로독립적분

앞에서 설명했듯 탄성 재료의 균열선단은 응력과 변형률이 무한대로 커지는 특이점이다. 이 때문에 균열선단 근방의 응력장을 이용하여 응력확대계수를 직접 평가하기는 어렵다. 복소수함수론에서 특이점 개념과 마찬가지로 균열선단에서 떨어진 원거리 응력장에서 균열선단의 응력장의 강도intensity를 평가할 수 있다면 편리할 것이다. 이를 가능하게 하는 것이 경로독립적분으로, 균열선단을 둘러싼 임의의 경로에 대해서 동일한 적분값을 얻을 수 있다. 경로독립적분은 정적 균열이나 동적 균열에서 무수하게 도출되는데, 이 중 파괴와 관련이 있는 물리적 의미가 매우 중요하다.[14] 정적 탄성체의 내부 균열에 대한 경로독립적분으로 Eshelby,[15] Cherepanov,[16] Rice[17]가 도출한 J적분이 있다.

(1) 동적 J적분

Rice[15], [18]의 정적 J적분을 확장하여 Nishioka-Atluri[19]가 충격을 받는 균열이나 고속 전파 중인 균열에 효과적인 동적 J적분dynamic J inte-gral을 도출했다. 그림 5.1과 같은 전체 좌표계를 이용할 경우, 동적 J적분은 다음 식이 된다.[19]

$$
\begin{aligned}
J'_k &= \lim_{\Gamma_\epsilon \to 0} \int_{\Gamma_\epsilon} \{(W+K)n_k - t_i u_{i,k}\}dS \\
&= \lim_{\Gamma_\epsilon \to 0} \left[\int_{\Gamma_\epsilon} \{(W+K)n_k - t_i u_{i,k}\}dS + \int_{V_\Gamma - V_\epsilon} \{\rho \ddot{u}_i u_{i,k} - \rho \dot{u}_i \dot{u}_{i,k}\}dV \right]
\end{aligned}
\tag{5.15}
$$

이때 W는 변형률에너지 밀도, K는 운동에너지 밀도, n_i는 적분 경로 외향 단위 법선의 x_i방향 성분, t_i는 표면력을 의미한다.

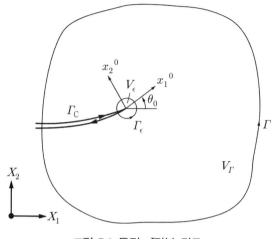

그림 5.1 동적 J적분 경로

균열선단 좌표계를 이용한 동적 J적분의 역학적 계산은 균열선단 좌표계 성분을 직접식(5.15)를 이용하여 구할 수 있으나, 다음과 같은 좌표 변환으로도 구할 수 있다.[20]

$$J'^0_k = \alpha_{kl} J'_l \tag{5.16}$$

동적 J적분의 균열 접선 방향 성분은 단위 균열 진전 면적당 포텐셜에너지 변화, 즉 동적 에너지해방률과 등가이다. 동적 J적분과 동적 응력확대계수의 관계식은 다음 식으로 주어진다.[19]

$$\left. \begin{aligned} J'^0_1 &= \frac{1}{2\mu}\left\{ A_I(C)K_I^2 + A_{II}(C)K_{II}^2 + A_{III}(C)K_{III}^2 \right\} \\ J'^0_2 &= -\frac{A_{IV}(C)}{\mu}K_I K_{II} \end{aligned} \right\} \tag{5.17a, b}$$

균열속도함수 A_I, A_{II}, A_{III}은 식(5.12)와 같으며, A_{IV}은 다음 식이 된다.

$$A_{IV}(C) = \frac{(\beta_1 - \beta_2)(1 - \beta_2^2)}{\{D(C)\}^2}$$
$$\left[\frac{\{4\beta_1\beta_2 + (1+\beta_2^2)^2\}(2+\beta_1+\beta_2)}{2\{(1+\beta_1)(1+\beta_2)\}^{1/2}} - 2(1+\beta_2^2) \right] \quad (5.18)$$

위의 동적 J적분의 특징을 정리하면, 1) 물리적으로는 동적 에너지해방률 G와 등가이며, 2) 먼거리 경로 Γ에 대하여 경로독립이다.[19] 3) 또한 근거리 경로 Γ_ϵ에 대하여 형상 불변성이 실용적으로 성립한다.[1] 따라서 수치해석에는 다음의 동적 J적분 표기를 이용할 수 있다.

$$J'_k = \int_{\Gamma + \Gamma_C}^{\cdot} \{(W+K)n_k - t_i u_{i,k}\}dS$$
$$+ \int_{V_\Gamma}^{\cdot} \{\rho \ddot{u}_i u_{i,k} - \rho \dot{u}_i \dot{u}_{i,k}\}dV \quad (5.19)$$

충격하중을 받는 정류 균열은 균열속도 $C = 0$으로 설정하고 식(5.17)을 이용하면 다음 관계식을 얻을 수 있다.[19]

$$J'^0_1 = \frac{\kappa+1}{8\mu}\{K_I^2(t) + K_{II}^2(t)\} + \frac{1}{2\mu}K_{III}^2(t)$$
$$\quad (5.20a, \ b)$$
$$J'^0_2 = -\frac{\kappa+1}{4\mu}K_I(t)K_{II}(t)$$

이 밖의 동적 균열에 대한 경로독립적분에 대해서는 Kishimoto,[21] Atluri,[22] Bui[23]에 의해 제안되었다. 또한 동적 J적분과 경로독립적분의 특징에 대해서는 문헌[4]에 설명되어 있다.

(2) 비선형 동적 균열의 경로독립적분

소성 변형이나 점소성 변형을 수반하는 충격파괴 문제를 취급하는 비선형 동적 파괴역학에 대해 앞 항의 동적 J적분[19]을 확장한 경로독립 T^* 적분이 도출되었다.[24]

$$T^*_{\ k} = \int_{\Gamma_\epsilon} \{(W+K)n_k - t_i u_{i,k}\} dS$$

$$= \int_{\Gamma + \Gamma_C} \{(W+K)n_k - t_i u_{i,k}\} dS \qquad (5.21)$$

$$+ \int_{V_\Gamma - V_\epsilon} \{\sigma_{ij}\epsilon_{ij,k} - W_{,k} + \rho\ddot{u}_i u_{i,k} - \rho\dot{u}_i \dot{u}_{i,k}\} dV$$

이때 W는 다음 식으로 정의되는 응력 일밀도이다.

$$W = \int_0^{\epsilon_{ij}} \sigma_{ij} d\epsilon_{ij} = \sum_{i,j}\left(\sigma_{ij} + \frac{1}{2}\Delta\sigma_{ij}\right)\Delta\epsilon_{ij} \qquad (5.22)$$

응력 일밀도는 재료점의 하중 이력에 맞는 적분을 이용하여 평가한다. 특히 탄성 상태를 고려하면 응력 일밀도는 변형률에너지 밀도와 일치하여 다음 식이 성립한다.

$$W_{,k} = \frac{\partial W}{\partial\epsilon_{ij}}\frac{\partial\epsilon_{ij}}{\partial X_k} = \sigma_{ij}\epsilon_{ij,k} = 0 \qquad (5.23)$$

따라서 T^* 적분은 동적 탄성 균열 문제에서는 Nishioka-Atluri[19]의 동적 J적분과 일치하며, 정적 탄성 균열 문제에서는 Rice[17]의 J적분과 일치한다. 이 때문에 통일된 파괴역학 변수로서 주목받고 있다. 가까운 거리 경로 Γ_ϵ는 균열선단 근방의 프로세스 존을 둘러싼 경계라고 볼 수도 있다. 단, 정류 균열의 충격 문제는 유한요소 해석에 있어서 T^* 적분값을 $\Gamma_\epsilon = 0 (V_\epsilon = 0)$으로 평가할 수 있다.[25] 가까운 거리 프로세스 존 모델로 서 이동형 프로세스 존 모델과 성장형 프로세스 존 모델을 고려해볼 수 있 다.[26], [27] 이 경우 T^* 적분의 물리적인 의미는 정상 균열 진전에 대한 프 로세스 존의 에너지 유입률이 된다.[26], [28] 먼거리 경로 Γ에 대해 T^* 적 분은 재료 구성식에 관계없이 경로독립성이 성립한다. 이 때문에 소성역 내부나 탄소성 경계를 포함하는 먼거리 적분 경로를 이용해도 경로독립성 이 성립한다. 비선형 동적 균열 문제에 대한 $\hat{J}$적분이 Aoki[29]에 의해 도 출되었다.

5.3 동적 파괴조건

여기서는 동적 파괴역학의 기본 개념을 일반적으로 설명하겠다. 일반 적으로 재료를 동적으로 파괴시키려는 힘 또는 역학량을 동적 구동력 A 로 나타내며, 재료의 동적 파괴에 대한 동적 저항력을 R로 나타낸다. 각 종 동적 파괴는 동적 구동력 A가 동적 저항력 R과 같거나 클 때 발생한 다. 동적 구동력 A로서 동적 파괴역학에 사용되는 역학량을 동적 파괴 역학 변수라고 하며, 동적 저항력을 동적 파괴인성이라 한다. 동적 파괴 역학 변수로는 동적 응력확대계수(K), 동적 에너지해방률(G), 동적 적 분(J'),[19] $\hat{J}$적분($\hat{J}$),[29] T^* 적분(T^*)[24] 등이 대표적이다.

선형 탄성 해석이 유효한 미소 항복 조건에서는 균열의 동적 거동(충 격응답, 진전 개시, 전파, 분기, 정지 등)을 지배하는 조건식은 일반적으 로 응력확대계수로 기술되는 경우가 많다. 아래에 동적 응력확대계수를 파괴역학 변수로 채용했을 때의 파괴조건식에 대해서 설명하겠다. 또한 동적 응력확대계수 대신 선형 동적 파괴역학에서는 동적 J적분[19]과 동적 에너지해방률, 비선형 동적 파괴역학에서는 T^*적분[24]을 사용할 수도 있다.

정적하중에 의한 취성 파괴조건은 잘 알려져 있듯 다음 식으로 나타낼 수 있다.[7]

$$K = K_C(T) \tag{5.24}$$

이때 K_C는 정적 파괴인성값으로 온도 T에 의존한다. 또한 아래 역시 마찬가지인데, 모드 I의 인성값을 나타내는 경우, K_{Ic}와 같이 아래첨자에 I가 붙는다. 동적 파괴의 경우 균열의 각 거동에 따른 재료의 저항값으로 인성값을 생각해야 한다.[30] 충격하중에서의 기열 진전 개시 조건은 다음 식으로 표기한다.

$$K(t) = K_d(T, \dot{\sigma}) \quad \text{또는} \quad K(t) = K_d(T, \dot{K}) \tag{5.25}$$

이때 K_d는 동적 전파 파괴인성값으로 하중속도 $\dot{\sigma}$ 또는 $\dot{K}$에 의존한다. 동적 전파 중인 균열에 대해서는 다음 식을 가정할 수 있다.

$$K(t, C) = K_D(T, C, \dot{C}, \cdots) \tag{5.26}$$

K_D는 동적 전파 파괴인성이며, 일반적으로 균열속도 C에 의존한다. 균열 가속도 $\dot{C}$ 등에 대한 의존성은 현재 연구 중이다.[31], [32] 또한 K_D에 관해서는 시편 치수 의존성도 보고되고 있다.[33], [34], [35] 구조물의 안전 설계에서는 한 번 발생한 고속 파괴를 최대한 부분적으로 억제하기 위해 재료

및 구조물의 균열 정지 능력을 평가해야 한다. 이를 위해 구조 설계에서는 크랙 어레스터가 고안된다. 재료의 동적 균열 정지 조건은 다음 식으로 표기한다.[30]

$$K \leq \min(K_D) \equiv K_A(T) \tag{5.27}$$

이때 $\min(K_D)$는 온도 T의 최소값으로, 많은 재료에 있어서 균열속도가 0일 때 최소값을 취한다. K_A는 동적 균열 정지 인성값으로 불리며, 준정적 조건에서의 균열 정지 인성과 구별된다. 준정적 균열 정지 인성 K_a는 위험 측이 되는 경우도 있으며, 보다 정확히는 K_A를 평가하여 적용해야 한다.

5.4 충격 계면파괴역학

복합재와 접합재 등의 비균질 재료의 개발과 이용의 증가에 따라 이종 재료에서 계면의 역학적 특성이 주목 받고 있다. 특히 이러한 비균질 재료의 성능은 계면강도에 크게 의존한다. 또한 계면에 균열이나 결함이 있는 경우 계면강도가 현저히 저하된다. 이러한 이유로 계면파괴역학 연구가 활발히 진행되고 있다.[36] 그러나 현재는 정적 계면파괴역학에 관한 연구가 대부분이다. 한편, 기계와 수송 교통 기기의 고속화가 진행됨에 따라 복합재와 접합재가 더욱 강한 충돌하중에 노출될 가능성도 점점 커지고 있다. 이 때문에 동적 계면파괴역학의 개발·확립이 급선무이다. 동적 계면파괴역학과 관련하여 최근 연구자들은 동적 J적분의 개념을 확장하여 분리 동적 J적분, 분리 동적 에너지해방률 및 분리 T^*적분의 개념을 개발했다. 또한 필연적으로 혼합 모드 상태에 있는 계면균열의 응력확대계수의 각 성분을 고정밀도로 평가할 수 있는 경로독립 동적 J 적분 성분 분리를 개발했다.

5.4.1 분리 동적 J적분 및 분리 동적 에너지해방률

그림 5.2와 같은 재료 1과 재료 2의 계면을 따라 존재하는 균열을 생각한다. 이 2층재가 충격하중을 받는 경우나 균열이 고속으로 전파되고 있는 동적 계면 파열에 대하여, 가상 혹은 실제 단위 균열 진전량당 각 재료에서 계면균열 선단에 유입되는 에너지 유입률을 개별적으로 나타낸 분리 동적 J적분이나 분리 에너지해방률 개념이 최근 Nishioka-Yasin[37]에 의해 제시되었다.

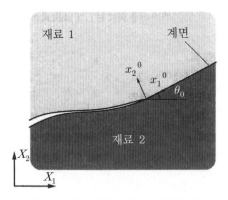

그림 5.2 비균질재 내부의 계면균열

즉, 가까운 영역 경로 Γ_ϵ를 그림 5.3과 같이 각각의 재료측($m=1,\ 2$)으로 분리하면 경로독립 분리 동적 J적분은 다음과 같이 나타낼 수 있다.[37]

$$
\begin{aligned}
J'^{(m)}_k = \lim_{\Gamma^{(m)}_\epsilon \to 0} \Bigg[&\int_{\Gamma^{(m)} + \Gamma^{(m)}_C + \Gamma^{(m)}_1} \{(W+K)n_k - t_i u_{i,k}\} dS \\
&+ \int_{V^{(m)}_1 - V^{(m)}_\epsilon} \{\rho \ddot{u}_i u_{i,k} - \rho \dot{u}_i \dot{u}_{i,k}\} dV \Bigg]
\end{aligned}
$$

(5.28)

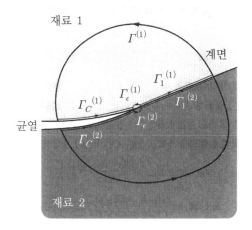

재료 1

$\Gamma^{(1)}$

계면

$\Gamma_1^{(1)}$

$\Gamma_C^{(1)}$ $\Gamma_\epsilon^{(1)}$ $\Gamma_1^{(2)}$

균열

$\Gamma_\epsilon^{(2)}$

$\Gamma_C^{(2)}$

재료 2

그림 5.3 분리 동적 J적분 경로

이때 괄호 위첨자 m은 재료 $m(m = 1, 2)$의 양을 표기한다. 또한 분리 동적 J적분은 각각의 재료측에서 해방되는 분리 동적 에너지해방률 $G^{(1)}$ 및 $G^{(2)}$와 등가이다. 문헌[37]에서는 분리 동적 에너지의 다양한 평가식이 도출되었다. 재료 1, 2의 분리 동적 J적분을 합치면 비균질재 전체에서의 에너지유입률, 즉 동적 J적분 또는 동적 에너지해방률이 된다. 따라서 다음 식의 관계가 성립한다.

$$J_1'^0 = G = J_1'^{0(1)} + J_1'^{0(2)} = G^{(1)} + G^{(2)}$$
$$= (J_1'^{(1)} + J_1'^{(2)})\cos\theta_0 (J_2'^{(1)} + J_2'^{(2)})\sin\theta_0 \tag{5.29}$$

여기의 θ_0는 균열선단 좌표계와 전체 좌표계가 이루는 각도이다. 분리 동적 J적분은 경로독립이기 때문에 이 합의 동적 J적분도 계면균열에 대해 경로독립이 된다.

충격하중을 받는 정류 파열이나 정적 균열에 대하여 분리 동적 J적분과 응력확대계수 사이에는 다음 식의 관계가 성립된다.[38], [39]

$$J_1'^{0(1)} = G^{(1)} = \frac{(1+\kappa^{(1)})(K_1^2 + K_2^2)}{16\mu^{(1)}\cosh^2(\pi\epsilon)} + \frac{K_3^2}{4\mu^{(1)}}$$

$$J_1'^{0(2)} = G^{(2)} = \frac{(1+\kappa^{(2)})(K_1^2 + K_2^2)}{16\mu^{(2)}\cosh^2(\pi\epsilon)} + \frac{K_3^2}{4\mu^{(2)}}$$

(5.30a, b)

이때 ϵ는 진동 지수이며 다음 식으로 주어진다.

$$\epsilon = \frac{1}{2\pi}\ln\left(\frac{\kappa^{(1)}/\mu^{(1)} + 1/\mu^{(2)}}{\kappa^{(2)}/\mu^{(2)} + 1/\mu^{(1)}}\right)$$

(5.31)

계면균열의 면외 응력확대계수 K_3는 모드 III의 응력확대계수와 일치하지만, 일반적으로 계면 문제에서는 면내 응력확대계수 K_1과 K_2는 모드 I과 모드 II로 분리할 수 없다는 점에 주의가 필요하다. 단, 두 재료가 동일해지는 균질재료($\epsilon = 0$)에서는 K_1과 K_2는 각각 모드 I, II의 응력확대계수 K_I와 K_{II}와 일치한다.

식(5.30)에서 알 수 있듯이 각 재료측의 분리 에너지해방률은 각각의 재료의 횡방향 탄성계수에 반비례한다. 따라서 강성적으로 보다 유연한 재료측에서 보다 많은 파괴 에너지가 공급되는 것을 알 수 있다.[37], [38], [39]

5.4.2 동적 계면균열의 응력확대계수의 정의와 동적 J적분

동적 계면파괴역학의 기초가 되는 동적 계면전파균열 점근장의 통일해가 Shen-Nishiok[40]에 의해 도출되었다. 이 이론해를 기초로 연구자[41]들이 동적 계면전파균열의 응력확대계수를 5.2절의 균질재동적파괴역학이나 정적 계면파괴역학과 일관성을 유지하도록 새롭게 다음과 같이 정의하였다.

$$(\sigma_{yy} + i\sigma_{xy}/\eta)_{\theta=0} = \frac{(K_1 + iK_2/\eta)}{\sqrt{2\pi r}}\left(\frac{r}{l}\right)^{i\epsilon} \tag{5.32}$$

$$\delta + i\eta\delta_x = \frac{2H_{22}(K_1 + iK_2/\eta)}{(1+2i\epsilon)\cosh(\pi\epsilon)}\sqrt{\frac{r}{2\pi}}\left(\frac{r}{l}\right)^{i\epsilon} \tag{5.33}$$

이때 σ_{yy}, σ_{xy} 및 δ_x, δ_y는 균열선단 좌표계($x = x_1^0$, $y = x_2^0$; 그림 5.4 참조)의 응력 성분 및 개구 변위 성분이다. l은 진동항을 무차원화하는 특성 길이이며, 보통 대표 균열길이가 이용된다. η은 표면력 분해 계수이다. 또한 H_{22}는 아래에 나타낸 바이 머티리얼 행렬의 성분이다. 여기에는 다음에 나타내는 탄성계수 매트릭스 성분이다. 바이 머티리얼 행렬 H의 성분이다.

$$H = \begin{bmatrix} H_{11} & iH_{12} \\ -iH_{12} & H_{22} \end{bmatrix} \tag{5.34}$$

$$H = B^{(1)} + \overline{B}^{(2)} \tag{5.35}$$

$$B^{(m)} = \frac{1}{\mu^{(m)}D^{(m)}}\begin{bmatrix} \beta_2^{(m)}(1-\beta_2^{(m)^2}) & i(1+\beta_2^{(m)^2}-2\beta_1^{(m)}\beta_2^{(m)}) \\ -i(1+\beta_2^{(m)^2}-2\beta_1^{(m)}\beta_2^{(m)}) & \beta_1^{(m)}(1-\beta_2^{(m)^2}) \end{bmatrix} \tag{5.36}$$

$$\beta_1^{(m)} = \sqrt{1-\rho^{(m)}\frac{C^2}{C_{11}^{(m)}}}, \quad \beta_1^{(m)} = \sqrt{1-\rho^{(m)}\frac{C^2}{C_{22}^{(m)}}} \tag{5.37a, b}$$

$$D^{(m)} = 4\beta_1^{(m)}\beta_2^{(m)} - (1+\beta_2^{(m)^2})^2 \tag{5.38}$$

이때 C_{ij}는 다음의 탄성계수 매트릭스 성분이다.

$$\{\sigma\} = [C]\{\epsilon\}$$
$$\{\sigma\} = \{\sigma_{11}\ \sigma_{22}\ \sigma_{33}\ \sigma_{12}\ \sigma_{23}\ \sigma_{31}\}^T \tag{5.39}$$
$$\{\epsilon\} = \{\epsilon_{11}\ \epsilon_{22}\ \epsilon_{33}\ 2\epsilon_{12}\ 2\epsilon_{23}\ 2\epsilon_{31}\}^T$$

바이 머티리얼 행렬 H의 성분을 이용하여 표면력 분해 계수 η 및 진동 지수 ϵ는 다음으로 주어진다.

$$\eta = \left(\frac{H_{22}}{H_{11}}\right)^{\frac{1}{2}} \tag{5.40}$$

$$\epsilon = \frac{1}{2}\pi\ln\left(\frac{1+\beta}{1-\beta}\right), \quad \beta = -H_{12}(H_{11}H_{22})^{-1/2} \tag{5.41a, b}$$

위를 토대로 등방성 2층재의 동적 고속 계면파괴에 대해 동적 J적분 및 동적 에너지해방률과 응력확대계수의 새롭고 간편한 관계식이 다음과 같이 도출된다.[41]

$$J'^{0}_{k} = G = \frac{1}{4\cosh^2(\pi\epsilon)}\left\{\left(\frac{A_1^{(1)}(C)}{\mu^{(1)}} + \frac{A_1^{(2)}(C)}{\mu^{(2)}}\right)K_1^2 \right.$$
$$\left. + \left(\frac{A_2^{(1)}(C)}{\mu^{(1)}} + \frac{A_2^{(2)}(C)}{\mu^{(2)}}\right)K_2^2\right\} \tag{5.42}$$

이때 계면균열속도 관계 $A_k^{(m)}(C)\,(k=1, 2)$는 다음과 같이 정의된다.

$$A_k^{(m)}(C) = \frac{\beta_k^{(m)}(1 - \beta_2^{(m)^2})}{D^{(m)}(C)} \tag{5.43}$$

특히 충격하중에서의 정류 계면균열이나 정적 계면균열 진전, 즉 $C = 0$에 대한 균열속도 함수는 다음과 같다.

$$A_1^{(m)}(0) = A_2^{(m)}(0) = \frac{(\kappa^{(m)} + 1)}{4} \tag{5.44}$$

식(5.44)를 식(5.42)에 대입하면 다음 관계식을 얻을 수 있다.

$$J'^{0}_{k} = G = \frac{1}{16\cosh^2(\pi\epsilon)}\left(\frac{\kappa^{(1)}+1}{\mu^{(1)}} + \frac{\kappa^{(2)}+1}{\mu^{(2)}}\right)(K_1^2 + K_2^2) \quad (5.45)$$

이 식은 정적 계면균열에 대해 Malyshev-Salgnik[42]가 도출한 식과 일치한다. 또한 균질재 내부의 동적 파괴를 생각하면 진동지수는 $\epsilon = 0$이 되어 다음 식이 성립한다.

$$\begin{aligned}
A_1^{(m)}(C) &= A_I(C) \\
A_2^{(m)}(C) &= A_{II}(C) \\
K_1 &= K_I \\
K_2 &= K_{II}
\end{aligned} \qquad (5.46)$$

이 때문에 식(5.42)는 Nishioka-Atluri[19]가 도출한 식(5.17a)와 일치한다. 또한 복합재료의 계면파괴를 취급함에 있어서 보다 적합한 이방성 이층재의 동적 J적분 및 동적 에너지해방률과 응력확대계수의 새로운 관계식도 도출되고 있다.[43]

5.4.3 성분 분리법에 의한 계면균열의 응력확대계수 평가법

계면균열에서는 계면양측재료의 강성차에 의해 필연적으로 혼합 모드가 된다. 이러한 계면균열응력확대계수의 평가법으로 계면균열응력장이나 변위장의 외삽법이 제안된다.[36] 한편 경로독립적분이나 에너지해방률을 이용하는 방법으로 Yau-Wang[44]이 M_1적분법을 제안했으며, 현재 이 방법을 많이 사용하고 있다.[45] 그러나 이 방법은 보조 문제의 해석해가 필요하다. 그런데 이 보조 해석해는 곡선 계면균열이나 분기 계면균열 등 복잡한 형상에 비해 구축이 어렵거나 불가능하다.

이에 대해 연구자들은 이전에 균질 재료 내부 균열의 혼합 모드 응력확대계수의 고정밀도 평가법으로 동적 J적분이나 J적분을 이용하는 성분 분리법[46]을 개발했다. 또한 최근 성분 분리법을 각종 계면균열로 확장하는데 성공했다.[38], [39], [41] 아래에 등방탄성 2층재 내부의 동적 계면균열에 대한 성분 분리법[41]에 대해 설명하겠다.

이때 식(5.28)의 분리 동적 J적분의 합을 이용하여 계면균열에 대한 동적 J적분값 혹은동적 에너지해방률을 얻을 수 있다고 한다. 여기에서 식(5.42)를 응력확대계수비 $\alpha = K_2/K_1$를 이용하여 다시 쓰면 동적 J적분 및 에너지해방률과 응력확대계수의 관계는 다음 식이 된다.

$$J'^0_k = J'^{0(1)}_k + J'^{0(2)}_k = G = (\Lambda_1 + \Lambda_2 \alpha^2) K_1^2$$

$$\Lambda_k = \frac{1}{4\cosh^2(\pi\epsilon)} \left\{ \frac{A_k^{(1)}(C)}{\mu^{(1)}} + \frac{A_k^{(2)}(C)}{\mu^{(2)}} \right\} \qquad (5.47\text{a, b})$$

$$k = 1, 2$$

α는 식(5.33)에 의해 다음과 같이 균열 개구 변위 dx, dy와도 관련지을 수 있다.

$$\alpha = \lim_{r \to 0} \frac{\eta^2 - \eta S \delta_y / \delta_x}{\delta_y / \delta_x + \eta S} \qquad (5.48)$$

$$S = \frac{\tan Q - 2\epsilon}{1 + 2\epsilon \tan Q} \qquad (5.49)$$

$$Q = \epsilon \ln \frac{r}{l} \qquad (5.50)$$

이때 r은 선단에서의 거리, l은 특성 길이이다. 식(5.48), (5.49), (5.50)에서 알 수 있듯이 균열 개구 변위비 α는 $r \rightarrow 0$으로 Q의 대수 특이성과 $\tan Q$의 진동성으로 인해 급격하게 변동한다. 그래서 이를 삭제하기 위해 $S = 0$이 되는 조건을 구하면, 식(5.49)에 의해 다음 식이 성립한다.

$$\tan Q = 2\epsilon \tag{5.51}$$

$$\bar{l} = \frac{\bar{r}}{e^{\epsilon^{-1}\tan^{-1}(2\epsilon)}} \tag{5.52}$$

따라서 $\bar{r}$로 평가한 개구 변위비는 특성 길이 $\bar{l}$로 정의되는 응력확대계수의 비율과 일치한다. 즉, 다음 식이 성립한다.

$$\alpha = \eta^2 \frac{\delta_x}{\delta_y} = \frac{\delta_2}{\delta_1} \tag{5.53}$$

이때 편의성을 위해 그림 5.4와 같이 $\delta_1 = \delta_y$ 및 $\delta_2 = \eta^2 \delta_x$로 한다. 식 (5.53)을 식(5.47)에 대입하여 정리하면 간편한 성분 분리법의 공식을 얻을 수 있다.

$$
\begin{aligned}
\overline{K}_k &= \delta_k \sqrt{\frac{J'^0_1}{(\Lambda_1 \delta_1^2 + \Lambda_2 \delta_2^2)}} \\
&= \delta_k \sqrt{\frac{J'^{0(1)}_1 + J'^{0(2)}_1}{(\Lambda_1 \delta_1^2 + \Lambda_2 \delta_2^2)}} \\
&= \delta_k \sqrt{\frac{G}{(\Lambda_1 \delta_1^2 + \Lambda_2 \delta_2^2)}}
\end{aligned} \tag{5.54}
$$

$$k = 1, 2$$

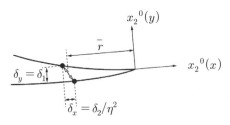

그림 5.4 균열 개구 변위의 정의와 평가법

식(5.52)에 의해 특성 길이 $\bar{l}$ 일 때 응력확대계수($k = 1, 2$)가 된다. 임의의 특성 길이 l 에 대한 응력확대계수 K_1, K_2는 다음 식에서 얻을 수 있다.

$$\left\{ \begin{matrix} K_1 \\ K_2 \end{matrix} \right\} = \begin{bmatrix} \cos\omega & -\sin\omega \\ \sin\omega & \cos\omega \end{bmatrix} \left\{ \begin{matrix} \overline{K_1} \\ \overline{K_2} \end{matrix} \right\} \tag{5.55}$$

$$\omega = \epsilon \ln \frac{l}{\bar{l}} \tag{5.56}$$

특히 충격하중에서의 정류 계면균열이나 정적 계면균열 진전의 경우, 식(5.44) 및 식(5.47b)를 이용하면, 식(5.54)의 $\Lambda_k (k = 1, 2)$는 다음 식을 이용하면 된다.

$$\Lambda_1 = \Lambda_2 = \frac{1}{16\cosh^2(\pi\epsilon)} \left\{ \frac{\kappa^{(1)} + 1}{\mu^{(1)}} + \frac{\kappa^{(2)} + 1}{\mu^{(2)}} \right\} \tag{5.57}$$

이상으로 성분 분리법의 특징을 정리하면 다음과 같다.

(1) 정밀도가 높은 경로독립적분이나 에너지해방률 평가에 이용할 수 있다.

(2) M_1적분법[44]과 같은 보조장의 해석해가 필요 없어지므로 보다 간편하다.

(3) 양의 공식으로 표현된다.

(4) 응력확대계수의 부호가 자동적으로 결정된다.

현재 여기에서 설명한 것 이외의 성분 분리법은 복합재 내부의 정적 및 동적 계면균열,[43], [47] 3차원 복합재의 내부 균열,[48] 압전 세라믹재의 내부 계면균열[49] 등으로도 확장되었다.

5.4.4 분리 T^* 적분

비선형 계면파괴역학에 대하여 분리 T^* 적분이 다음 식과 같이 도출되었다.[50], [51]

$$
\begin{aligned}
T^*{}_k^{(m)} &= \int_{\Gamma_\epsilon^{(m)}} \left\{ (W+K)n_k - t_i u_{i,k} \right\} dS \\
&= \int_{\Gamma^{(m)} + \Gamma_T^{(m)} + \Gamma_C^{(m)}} \left\{ (W+K)n_k - t_i u_{i,k} \right\} dS \\
&\quad + \int_{V_\Gamma^{(m)} - V_\epsilon^{(m)}} \left\{ \sigma_{ij}\epsilon_{ij,k} - W_{,k} + \rho\ddot{u}_i u_{i,k} - \rho\dot{u}_i\dot{u}_{i,k} \right\} dV
\end{aligned}
\tag{5.58}
$$

경로독립 분리 T^* 적분은 정상적인 전파 균열에 대해 프로세스 존의 각 재료측 에너지 유입률로 해석할 수 있다.[51] 또한 균질재와 마찬가지로 분리 T^* 적분은 분리 동적 J적분[37]이나 분리 J적분[38], [39]을 포함하기 때문에 일반 계면파괴역학의 변수로서 효과적이다.

5.5 마치며

과학기술의 발전으로 현재 재료는 필연적으로 강한 내충격 환경에서 사용되고 있다. 이 때문에 각종 충격파괴 현상의 규명, 충격파괴역학의 구축 및 응용에 커다란 발전이 기대된다.[52] 본 장에서는 충격파괴역학의 이론적 기초에 대해 최근의 연구를 예로 들어가며 설명했다. 작은 도움이 되었기를 바라며, 앞에서 인용한 문헌 외에 이론적인 저서로는 문헌[53~56] 등이 있으니 참조하기 바란다.

▌참고문헌

[1] T. Nishioka : JSME Int. J., **37**-A (1994), 313-333

[2] T. Nishioka : Dynamic Fracture Mechanics, (M.H. Aliabadi, ed.), Comp. Mech. Publ., 1 (1995), 1-60

[3] T. Nishioka : Int. J. Fract., **86** (1997), 127-159

[4] T. Nishioka : Fracture : A Topical Encyclopedia of Current Knowledge, (G.P. Cherepanov, ed.), Krieger Publ. Co. (1998), 575-617

[5] 西岡俊久 : 日本機械学会論文集, 67-A (2000), 185-194

[6] M. L. Williams : J. Appl. Mech., **24** (1957), 109-114

[7] 岡村弘之 : 線形破壊力学入門, 培風館 (1976), 21-23

[8] B. R. Baker : J. Appl. Mech., **29** (1962), 449-454

[9] R. J. Jr. Nuismer, and J. D. Achenbach : J. Mech. Phys. Solids, **20** (1972), 203-222

[10] E. P. Chen and G. C. Sih: Elastodynamic Crack Problems, (Sih, G.C., ed.), Noodhoff, 1 (1977), 59-117

[11] L. B. Freund : J. Mech. Phys. Solids, **21** (1973), 47-61

[12] B. K. Kostrov : Int. J. Fract., **11** (1975), 47-56

[13] L. B. Freund : J. Mech. Phys. Solids, **20** (1972), 129-140

[14] T. Nishioka and S. N. Atluri : Eng. Fract. Mech., **18** (1983), 23-33

[15] J. D. Eshelby : Solid State Physics, III, Academic Press (1956), 79-144

[16] G. P. Cherepanov : Appl. Math. Mech., **31** (1967), 467-488

[17] J. R. Rice : J. Appl. Mech., **35** (1968), 379-386

[18] B. Budiansky and J. R. Rice : J. Appl. Mech., **40** (1973), 201-203

[19] T. Nishioka and S. N. Atluri : Eng. Fract. Mech., **18** (1983), 23-33

[20] T. Nishioka and S. N. Atluri : Eng. Fract. Mech., **20** (1984), 193-208

[21] K. Kishimoto, S. Aoki and M. Sakata : Eng. Fract. Mech., **13** (1980), 841-850

[22] S. N. Atluri : Eng. Fract. Mech., **16** (1982), 341-364

[23] H. D. Bui : Fracture, ICF4 (Waterloo), **3** (1977), 91-95

[24] S. N. Atluri, T. Nishioka and M. Nakagaki : Eng. Fract. Mech., **20** (1984), 209-244

[25] T. Nishioka, M. Kobashi and S. N. Atluri : Comp. Mech., **3** (1988), 331-342

[26] T. Nishioka, T. Fujimoto and S. N. Atluri : Nucl. Eng, Design, **111** (1989), 109-121

[27] P. W. Lam, A. S. Kobayashi, S. N. Atluri and P. W. Tan : ASTM STP1359

[28] H. Okada and S. N. Atluri : Comp. Mech., **23** (1999), 339-352

[29] S. Aoki, K. Kishimoto and M. Sakata : Eng. Fract. Mech., **19** (1984), 827-836

[30] M. F. Kanninen and C. H. Popelar : Advanced Fracture Mechanics, Oxford University Press (1985)

[31] K. Takahashi and K. Arakawa : Exp. Mech., **27** (1987), 195-200

[32] T. Nishioka, S. Syano and T. Fujimoto : Adv. in Comp. Eng. & Sci., (S.N. Atluri and F.W. Brust, eds.), Tech Science Press, I (2000), 942-947

[33] J. K. Kalthoff, J. Beinert and S. Winkler : Optical Methods in Mechanics of Solids, (Lagarde, A. ed.), Sijthoff & Noodhoff (1981), 497

[34] T. Nishioka, T. Murakami, H. Kittaka, H. Uchiyama and K. Sakakura : Eng. Fract. Mech., **39** (1991), 757-767

[35] 中西 博, 岩崎順次, 鈴木恵 : 日本機械学会論文集, 54-A (1988), 704-710

[36] 結城良治編 : 界面の力学, 培風館 (1993)

[37] T. Nishioka and A. Yasin : JSME Int. J., 42-A (1999), 25-39

[38] T. Nishioka, S. Syano and T. Fujimoto : ASME J. Appl. Mech., **70**, Issue 4 (2003), 505-516

[39] T. Nishioka, J. L. Yao, K. Sakakura and J. S. Epstein : JSME Int. J., **43**-A (2000), 334-342

[40] S. P. Shen and T. Nishioka : J. Mech. & Phys. Solids, **48** (2000), 2257-2282

[41] T. Nishioka, Q. Hu and T. Fujimoto : JSME Int. J., **45** (2002), 394-406

[42] B. Malyshev and R. Salganik : Int. J. Fract. Mech., **1** (1965), 114-119

[43] 西岡俊久, 西岡良太, 藤本岳洋, 申勝平 : 日本機械学会講演論文集, No.01-16 (2001), 85-86

[44] J. F. Yau and S. S. Wang : Eng. Fract. Mech., **20** (1984), 423-432

[45] 岸本喜久雄 : 材 料, 49 巻 (2000), 238-244

[46] T. Nishioka, R. Murakami and Y. Takemoto : Int. J. Pres. Ves. & Piping, **44** (1990), 329-352

[47] 西岡俊久, 糠坂岳, 藤本岳博, 西岡良太, 申勝平 : 日本機械学会講演論文集, No.01-16, (2001), 475-476

[48] 加藤哲二, 西岡俊久 : 日本機械学会論文集, 65-A (2000), 2060-2067

[49] T. Nishioka, S. P. Shen and J. H. Yu : Int. J. Fract., 122, Issue 3-4 (2003), 101-130

[50] T. Nishioka, and Z. M. Wang : Constitutive and Damage Modeling of Inelastic Deformation and Phase Transformation, (A.S. Khan, ed.), Neat Press (1999). 741-744

[51] T. Nishioka and T. Fujinnoto: Advances on Computational Engineering and Science, (S.N. Atluri and F. W. Brust, eds.), Tech Science Press, II (2000), 1866-1871

[52] 西岡俊久 : 日本機械学会誌, 101 (1998), 563-564

[53] L. B. Freund: Dynamic Fracture Mechanics, Cambridge Univ. Press (1990)

[54] 林 卓夫, 田中吉之助編 : 衝撃工学, 日刊工業新聞社 (1988)

[55] 日本機械学会編 : 衝撃破壊工学, 技報堂出版 (1990)

[56] 青木 繁 : 講座 : 破壊力学, 日本材料学会教材 (1990), 39-45

[57] 西岡俊久 : 計算工学, **2** (1997), 146-156

[58] 西岡俊久 : 計算力学ハンドブック, 日本機械学会, I (1998), 177-190

제6장

충격응답과
충돌현상

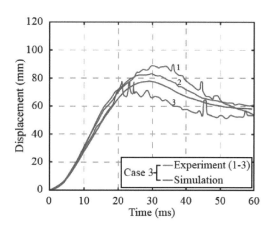

❙ 앞의 그림

철근 간격이 203.2mm인 철근 콘크리트 슬래브에 폭발 하중이 가해졌을 때의 시편 중앙의 시간에 따른 변위 그래프

* Choo, B., Hwang, Y. K., Bolander, J. E., & Lim, Y. M. Failure Simulation of Reinforced Concrete Structures Subjected to High-loading Rates using Three-dimensional Rigid-Body-Spring-Networks *International Journal of Impact Engineering*, (submitted).

제6장

충격응답과
충돌현상

6.1 서 론

　이번 장에서는 구조물의 충격응답 및 충돌현상을 이해하기 위한 기본적인 개념을 설명하고자 한다. 구조물에 가해지는 충격하중에 대해서는 알려진 바가 거의 없고, 실제 구조물의 충격응답은 복잡하기 때문에 답을 구하기가 어렵다. 물체가 충돌해 충격하중이 발생하고 응력파가 발생·전파되며, 구조물이 변형되거나 진동하고 경우에 따라서는 파손·파괴되기도 한다. 이와 같이 구조물의 충격응답은 매우 짧은 시간에 일어나는 현상으로 충격응답 및 충돌현상은 구조물 내의 응력파 속도 혹은 구조물의 고유진동수와 관계가 있다. 따라서 보의 충격응답 문제, 원형봉의 충돌문제 및 봉과 보의 충돌문제를 해석한 결과를 예로 들어 구조물의 충격응답, 충돌, 충격하중과 같은 기본적인 개념을 설명하고자 한다.

6.2 구조물의 충격응답

6.2.1 충격하중을 받는 보의 응답

그림 6.1과 같이 길이가 $2L$인 보의 양단이 고정되어 있으며, 그림 6.2와 같이 시간 변화하는 집중하중 $F(t)$가 보 중앙에 작용하는 경우를 생각해보자. 이때 경계조건은 다음과 같다.

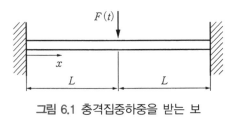

그림 6.1 충격집중하중을 받는 보

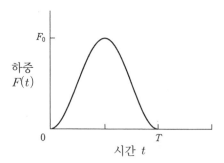

그림 6.2 충격하중의 시간 변화

$$
\left.
\begin{array}{l}
x = 0 \text{ 에서 } w = \dfrac{\partial w}{\partial x} = 0 \\[2mm]
x = L \text{ 에서 } \dfrac{\partial w}{\partial x} = 0, \ Q = \dfrac{1}{2}F(t)
\end{array}
\right\}
\tag{6.1}
$$

이때 w 및 Q는 보의 굴곡·전단력이며, x, t는 보의 축방향 좌표, 시간을 가리킨다. 또한 그림 6.2의 집중 하중 $F(t)$는 다음 식으로 나타낼 수 있다.

$$F(t) = \frac{F_0}{2} f(t) = \begin{cases} \dfrac{F_0}{2}\left\{1 - \cos\left(\dfrac{2\pi t}{T}\right)\right\} & (0 \leq t < T) \\ 0 & (T < t) \end{cases} \tag{6.2}$$

이때 T는 하중의 작용 시간이다. 초기 조건으로서 보는 정지한 것으로 가정한다.

보의 충격응답은 Euler의 보 이론[1]에 따라 다음 식으로 나타낸다.

$$EI\frac{\partial^4 w}{\partial x^4} + \rho A \frac{\partial^2 w}{\partial t^2} = 0 \tag{6.3}$$

이때 E, I, ρ 및 A는 각각 종방향 탄성률, 단면 2차 모멘트, 밀도 및 단면적을 나타낸다. 또한 식(6.3)에서 좌변 제2항은 관성력을 나타낸다.

보의 충격응답을 해석하기 위해서는 일반적으로 Laplace 변환을 이용한다. 식(6.3)을 Laplace 변환하면 식(6.1)은 다음과 같이 상미분 방정식이 된다.

$$EI\frac{d^4\overline{w}}{dx^4} + \rho A s^2 \overline{w} = 0 \tag{6.4}$$

이때 Laplace 변환은 다음과 같이 정의된다.

$$\overline{w}(x,s) = \int_0^\infty w(x,t)\exp(-st)dt$$

식(6.4)를 경계 조건식(6.1)을 사용하여 풀 수 있으며, 다음 식을 얻을 수 있다.

$$\bar{w} = \sum_{j=1}^{4} C_j \exp(\lambda_j x) \tag{6.5}$$

이때 $C_j = (j = 1, 2, 3, 4)$는 다음 연립방정식의 해이다.

$$\sum_{j=1}^{4} C_j = 0$$

$$\sum_{j=1}^{4} \lambda_j C_j = 0$$

$$\sum_{j=1}^{4} \lambda_j C_j \exp(\lambda_j L) = 0$$

$$EI \sum_{j=1}^{4} \lambda_j^3 C_j \exp(\lambda_j L) = - F_0 \bar{f}$$

λ_j는 다음 방정식과 서로 다른 4개의 근이다.

$$\lambda^4 + \frac{\rho A}{EI} s^2 = 0$$

일반적으로 해석하면 식(6.5)의 Laplace 역변환을 실시하기 어렵다. 그러나 Laplace 변환된 해를 수치 Laplace 역변환하는 것이 가능하며, 그중에서 고속 푸리에 변환을 이용한 방법(Krings–Waller 방법)[6]을 이용하면 높은 정밀도로 수치해를 얻을 수 있다. 계산식은 다음과 같다.

$$w(k\Delta t) = \frac{\exp(\gamma k \Delta t)}{T_0} \sum_{n=0}^{N-1} \bar{w}\left(\gamma + i \frac{2\pi n}{T_0}\right) \exp\left(i \frac{2\pi nk}{N}\right) \tag{6.6}$$

이때

$$T_0 = N\Delta t, \quad k = 0, 1, \cdots, \quad N-1$$

이며, T_0는 계산하는 시간 범위이며, Δt별 수치 결과가 요구된다. 또한 γ는 $4/T_0$에서 $6/T_0$ 정도의 수치를 선택하여 시간 분할수 N을 크게 만들면 정밀도가 높은 수치 결과를 얻을 수 있다고 밝혀졌다. 식(6.6)의 급수는 복소 푸리에 역변환과 동일한 식이며, 여기에 고속 푸리에 변환 알고리즘을 적용함으로써 해석의 고속화를 꾀할 수 있다. 수치 Laplace 역변환의 자세한 내용은 문헌[7]을 참조하기 바란다.

수치계산 시, 보는 폭 20mm, 높이 3mm, 길이 0.2m, 보의 종방향 탄성률 및 밀도는 각각 3.81GPa 및 1850kg/m³로 설정했다. 이때 보의 1차, 2차 고유진동수 f(주기 T)[8]는 다음과 같다.

1차 고유진동수(주기) $f_1 = 111\text{Hz}(T_1 = 9.04\text{ms})$

2차 고유진동수(주기) $f_2 = 305\text{Hz}(T_2 = 3.23\text{ms})$

식(6.2)의 하중 작용 시간 T를 1차 고유주기 T_1의 10~0.2배로 변화시켰을 때의 보 중앙(하중점)의 굴곡 시간 변동은 그림 6.3과 같다. 참고를 위해 그림 6.3에 정하중이 작용했을 때의 굴곡을 점선으로 나타냈다. 하중 작용 시간이 1차 고유주기에 비해 길 경우($T/T_1 = 10$, 5)는 하중 변화에 따라 굴곡이 변화한다. 이때 보 관성력의 영향은 없으며 준정적인 거

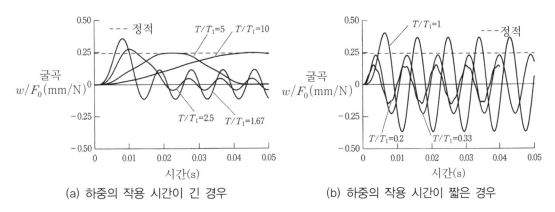

(a) 하중의 작용 시간이 긴 경우 (b) 하중의 작용 시간이 짧은 경우

그림 6.3 양단이 고정되어 집중 하중을 받는 보의 굴곡 시간 변화

동이라 불리는 정적 효과가 보 응답에서는 나타나지 않는다. 하중 작용 시간이 짧아지면($T/T_1=2.5$, 1.67) 정하중보다 큰 굴곡이 발생한다. 하중이 끝나도 진동이 잔류하여 보의 1차 고유진동수로 진동한다. 보의 고유주기와 하중 작용 시간이 일치하면($T/T_1=1$) 하중이 끝난 후에도 큰 진동이 잔류한다. 또한 하중 작용 시간이 짧아지면($T/T_1=0.33$, 0.2) 하중 변화인 정현파형 시간 변화와는 다른 식의 시간 변화를 보인다. 그 이유는 1차 고유진동에 2차 고유진동의 영향이 중첩되기 때문이다. 그림 6.4는 보의 중앙(하중점)의 휨 모멘트를 나타낸다. 휨 모멘트의 시간 변화도 굴곡 시간 변화와 비슷한 경향을 보인다. 특히 하중의 작용 시간이 짧으면 ($T/T_1=0.33$, 0.2) 2차 고유진동의 영향이 현저하게 나타난다.

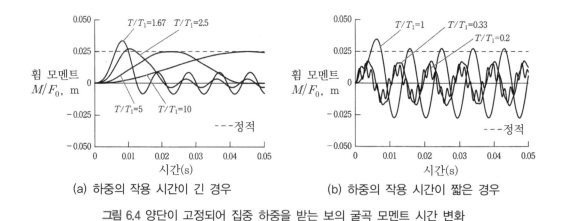

(a) 하중의 작용 시간이 긴 경우 (b) 하중의 작용 시간이 짧은 경우

그림 6.4 양단이 고정되어 집중 하중을 받는 보의 굴곡 모멘트 시간 변화

그림 6.3의 굴곡 시간 변화를 정리하면, 굴곡의 최대치와 하중 작용 시간의 관계를 그림 6.5와 같이 나타낼 수 있다. 하중 작용 시간이 1차 고유주기의 4배 정도가 되면 정적 결과와 거의 일치해지므로 관성력의 영향이 없는 정적(또는 준정적) 거동 나타나는 것을 알 수 있다. 하중의 작용 시간이 짧아져 보의 1차 고유주기와 일치할 때까지 보 굴곡 최대치는 증가한다. 단, 보의 1차 고유주기보다 짧아지면 굴곡은 오히려 감소

하는 경향이 있다. 이는 하중의 작용 시간이 짧아져 역적이 감소하기 때문이다. 또한 휨 모멘트의 결과 역시 정리하면 그림 6.6과 같이 나타낼 수 있다. 휨 모멘트도 굴곡과 비슷한 경향을 보이는 것을 알 수 있다.

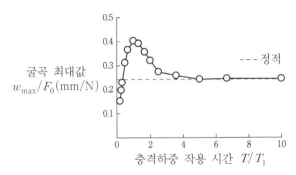

그림 6.5 하중 작용 시간과 보 굴곡 최대값과의 관계

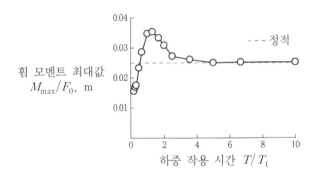

그림 6.6 하중 작용 시간과 보 굴곡 모멘트 최대값과의 관계

6.2.2 낙하 충격을 받는 보의 응답

다음으로 구조물이 바닥으로 낙하하는 경우를 생각해보자. 여기에서도 현상을 명확히 하기 위해 구조물을 보로 단순화했다. 그림 6.7과 같이 양단이 고정된 보를 가정하겠다. 보가 낙하여 바닥에 부딪치는 현상을 시험하기 위해 보 양단의 고정부가 급격히 이동하고, 그 후 정지한다고 가정하자. 이때 경계 조건을 다음과 같이 가정한다.

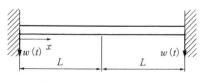

그림 6.7 낙하 충격을 받는 보

$$x = 0 \text{ 에서} \quad w = w(t), \quad \frac{\partial w}{\partial x} = 0 \left.\right\}$$
$$x = 2L \text{ 에서} \quad w = w(t), \quad \frac{\partial w}{\partial x} = 0 \left.\right\} \tag{6.7}$$

이때 $w(t)$는 고정부 변위이며, 다음 식(그림 6.8)의 이동을 실현한다.

$$w(t) = \begin{cases} w_0\left\{1 - \cos\left(\dfrac{\pi t}{T}\right)\right\} & (0 \le t < T) \\ w_0 & (T < t) \end{cases} \tag{6.8}$$

식(6.8)의 T가 작아질수록 낙하 속도가 빨라지는 것을 알 수 있다. 초기 조건으로서 보는 정지되었다고 가정한다.

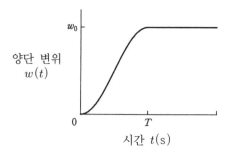

그림 6.8 보 고정부 변위의 시간 변화

식(6.7) 및 (6.8)을 만족하는 식(6.4)의 휨 해는 다음과 같다.

$$\overline{w} = \sum_{j=1}^{4} C_j \exp\left(\lambda_j x\right) \tag{6.9}$$

이때 $C_j = (j = 1, 2, 3, 4)$는 다음 연립 방정식의 해이다.

$$\sum_{j=1}^{4} C_j = \overline{w}, \quad \sum_{j=1}^{4} \lambda_j C_j = 0$$

$$\sum_{j=1}^{4} \lambda_j C_j \, \exp\left(2\lambda_j L\right) = \overline{w}$$

$$\sum_{j=1}^{4} \lambda_j C_j \, \exp\left(2\lambda_j L\right) = 0$$

또한 λ_j는 다음 식의 서로 다른 근이다.

$$\lambda^4 + \frac{\rho A}{EI} s^2 = 0$$

식(6.9)의 Laplace 역변환은 식(6.6)의 고속 Fourier를 이용한 Laplace 역변환을 사용한다. 수치 계산 시에는 그림 6.1의 보와 동일한 형상, 재료 특성을 지닌다고 보고, 보의 고유진동수(주기)도 6.2.1과 동일한 수치가 된다.

그림 6.9는 낙하 속도를 가리키는 파라미터 T가 다를 경우 나타나는 보 중앙 굴곡 시간 변동이다. 변위 시간 변화를 나타내는 T가 보의 1차 고유주기에 비해 길 경우($T/T_1 = 10$, 5, 2.5)는 보 중앙은 고정부와 동일한 시간 변화를 나타내며, 단순히 보가 강체 이동한다고 해서 진동하는 것은 아니라는 사실을 알 수 있다. 1차 고유주기와 고정부 변위의 시간 변화가 가까워지면($T/T_1 = 1.67$, 1) 관성력의 효과는 커지고 보는 진동하게 된다. 또한 고정부의 변위 시간 변화가 빨라지면($T/T_1 = 0.33$, 0.2) 보의 진동은 심화된다.

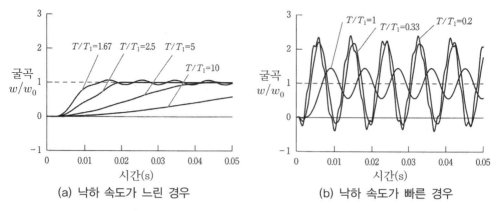

(a) 낙하 속도가 느린 경우　　　(b) 낙하 속도가 빠른 경우

그림 6.9 낙하 충격을 받는 보 중앙점 굴곡의 시간 변화

보 중앙 굴곡의 시간 변화를 정리하면 그림 6.10이 된다. 고정부의 속도가 빨라질수록, 특히 1차 고유진동 변위의 시간 변화가 가까워지며, 굴곡 최대값이 커져 크게 진동한다는 사실을 알 수 있다.

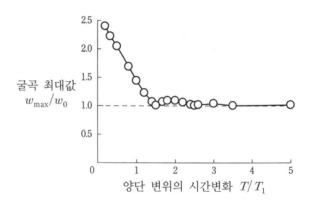

그림 6.10 굴곡의 최대값과 고정부의 변위 시간 변화(T)의 관계

위와 같이 구조물의 충격응답은 하중과 변위의 시간 변화에 영향을 크게 받는다는 사실을 알 수 있다. 특히 구조물에 작용하는 하중이나 강제 변위 등 외부의 역학적인 변동에 의한 진동수 성분이 구조물의 고유 진동수와 가까워질수록 구조물 관성력의 영향이 강해져서 이른바 동적효과가 더 크게 발생한다. 따라서 정적 또는 준정적으로 취급할지, 충격응답으로

서 현상을 바라보아야 할지는 하중의 주파수 성분과 구조물의 고유진동
수를 비교해서 생각해야 한다.

6.3 충돌에 의한 충격하중과 구조물의 충격응답

6.3.1 Hertz 접촉 이론에 따른 충격하중의 해석

구조물이 충격을 받는 경우는 대부분 물체가 구조물과 충돌할 때이다.
그림 6.11과 같이 충격하중이란 충격체와 피충격체가 충돌할 때 발생하
는 충돌면(접촉면) 응력(접촉응력)의 합이며, 충격체와 피충격체가 결합
된 물체의 내력이다. 따라서 충격하중을 직접 측정하기는 어렵다. 충격
응력은 충돌면에서 발생해 응력파가 되어 충격체와 피충격체의 내부에
전파하며, 경계에서 반사해 접촉면으로 되돌아간다. 그 결과 접촉면의
응력도 변화한다. 따라서 충격하중은 충격체와 피충격체 내부의 응력파
전파에 의해 결정된다.

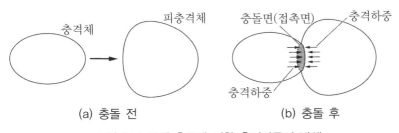

그림 6.11 물체 충돌에 의한 충격하중의 발생

이처럼 충돌 문제는 2체 문제 혹은 상관 문제라 불린다. 가령 충격체가 다
르면 충격하중의 크기뿐만 아니라 시간 변화도 달라진다. 또한 충격 강도
를 동일한 시험 방법으로 측정해도 다른 시험체에서는 충격하중이 다르게

작용한다. 충격체 질량만으로 충격하중의 크기가 달라진다는 식으로 단순하게 설명하는 경우가 있는데, 이는 일반적으로는 성립할 수 없다고 할 수 있다. 아래의 기본적인 문제를 통해 충돌 시 발생하는 충격하중과 구조물 충격응답에 대해 설명하겠다.

충돌이란 동적인 접촉 현상이므로 충돌 문제의 해석에는 접촉 해석에 사용할 수 있는 이론이 사용된다. 가장 손쉽게 충격하중을 구하려고 한다면 Hertz 접촉 이론[9]이 효과적이다. 그림 6.12와 같이 속도 V_0로 충격체가 피충격체에 충돌할 때 Hertz 접촉 이론에 의하면 충격하중은 다음 식이 구해진다.

$$\left\{\frac{F(t)}{K}\right\}^{2/3} = V_0 t - \left\{U_1(t) + U_2(t)\right\} \tag{6.10}$$

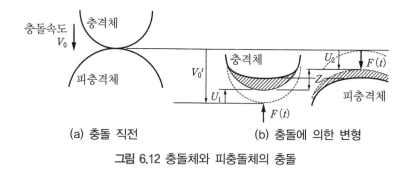

(a) 충돌 직전   (b) 충돌에 의한 변형

그림 6.12 충돌체와 피충돌체의 충돌

이때 $U(t)$는 충격체 또는 피충격체의 충돌점에서 하중 $F(t)$에 의한 변위(강체 이동을 제외한 변위)를 나타내며, 아래첨자 1, 2는 충격체 및 피충격체의 변위를 나타낸다. 식(6.10)의 우변은 충돌로 인한 충격체, 피충격체의 접촉부에서 국부적인 변형을 가리킨다(그림 6.12에서의 사선부). K는 접촉 강성이라고도 불리며, 충격체 선단의 곡률반지름 R_1이 구면, 피충격체의 접촉부가 평면이라고 하면 다음 식이 된다.

$$K = \frac{4}{3} \left(\frac{1-\nu_1^2}{E_1} + \frac{1-\nu_2^2}{E_2} \right)^{-1} \sqrt{R_1}$$

.

ν 및 E는 푸아송비 및 종방향 탄성률이다. 또한 충격체와 피충격체가 동일한 재료일 때 K는 다음과 같다.

$$K = \frac{2}{3} \frac{E}{1-\nu^2} \sqrt{R_1}$$

충격체 및 피충격체의 변위 $U_1(t)$, $U_2(t)$는 각각의 구조 충돌점에 계단 하중이 작용했을 때의 변위 $G_j(t)$를 Duhamel 적분을 이용하여 다음과 같이 나타낼 수 있다.

$$U_j(t) = \int_0^t F(\tau) \frac{dG_j(t-\tau)}{d(t-\tau)} d\tau, \quad j = 1, \ 2 \tag{6.11}$$

식(6.11)을 식(6.10)에 대입하면 다음과 같은 비선형 적분 방정식이 된다.

$$\left\{ \frac{F(t)}{K} \right\}^{2/3} = V_0 t - \sum_{j=1}^{2} \int_0^t F(\tau) \frac{dG_j(t-\tau)}{d(t-\tau)} d\tau \tag{6.12}$$

식(6.12)를 풀면 충격하중이 구해지고, 충격하중 $F(t)$가 피충격체에 가해졌다고 하면 피충격체의 응답을 풀 수 있다.

일반적으로 식(6.12)는 차분법을 이용하면 쉽게 풀 수 있다. Hertz 접촉 이론을 통해 얻을 수 있는 충격하중의 타당성은 많은 실험과 연구에서 확인되었다. 그러나 Hertz 접촉 이론으로 얻은 접촉 영역은 실험 결과와 반드시 일치하지는 않는다고 알려져 있으며, 충돌점 부근의 응력분포(접촉 응력분포)의 타당성 있는 결과를 얻지 못하는 경우도 있으므로 주의해야 한다.

6.3.2 봉 2개가 충돌할 때 충격하중

그림 6.13과 같이 원형봉 1에 원형봉 2가 속도 V_0로 충돌하는 경우의 충격하중에 대해 생각해보자. 원형봉 1의 선단은 곡률이 있으며, 원형봉 2의 선단은 평면이라고 가정한다. 충격하중은 Hertz 접촉 이론으로 구해야 한다.

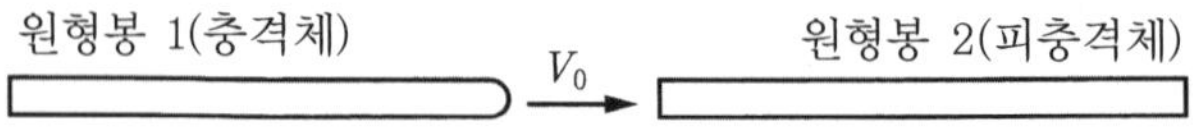

원형봉 1(충격체) V_0 원형봉 2(피충격체)

그림 6.13 충돌하는 봉

Hertz의 접촉 이론인 식(6.10)으로 충격하중을 구하려면 먼저 계단형으로 시간 변화하는 단위 충격하중을 받는 봉의 응답길이 L, 횡방향 단면적 A를 구한다. 경계 조건은 다음과 같이 설정한다.

$$\left. \begin{array}{l} x = 0 \text{ 에서 } \quad \sigma_x = -\dfrac{H(t)}{A} \\[2mm] x = L \text{ 에서 } \quad \sigma_x = 0 \end{array} \right\} \tag{6.13}$$

이때 $H(t)$는 Heaviside의 계단 함수로 다음과 같이 정의되어 있다.

$$H(t) = \begin{cases} 1 & t < 0 \\ 0 & t \geq 0 \end{cases}$$

또한 σ_x는 종방향 응력이다. 또한 초기 조건으로서 봉은 정지되어 있다고 가정한다.

충격하중을 받는 봉의 응답은 다음의 1차원 파동방정식[1]으로 구할 수 있다.

$$\frac{\partial^2 u}{\partial x^2} = \frac{1}{c_0^2} \frac{\partial^2 u}{\partial t^2} \tag{6.14}$$

이때 C_0는 원형봉을 전파하는 종방향 파의 속도이며, 다음과 같이 주어진다.

$$c_0 = \sqrt{E/\rho} \tag{6.15}$$

또한 u, x, t는 각각 원형봉의 축방향 변위, 충격하중을 받는 선단을 원점으로 하는 축방향 좌표로부터의 거리, 시간을 나타낸다. E 및 ρ는 종방향 탄성률 및 밀도이다. 앞서 설명한 바와 같이 Laplace 변환을 이용하여 식(6.14)를 풀고, 변위의 해를 구하면 다음과 같다.

$$\bar{u}(x) = \frac{\exp((x-L)s/c_0) + \exp\{(-x+L)s/c_0\}}{\exp(s/c_0) - \exp(-s/c_0)} \frac{1}{AEs} \tag{6.16}$$

따라서 봉 선단($x = 0$)의 변위는 다음과 같다.

$$\bar{u}(0) = \frac{\exp(-Ls/c_0) + \exp(Ls/c_0)}{\exp(s/c_0) - \exp(-s/c_0)} \frac{1}{AEs} \tag{6.17}$$

식(6.17)을 Laplace 역변환하여 각 원형봉의 스텝 응답을 구하고, 식(6.10)에 대입하면 충격하중이 구해진다.

원형봉 1을 길이 1m, 직경 20mm, 원형봉 2를 직경 20mm라고 설정하고 충돌속도 5m/s로 충돌하는 경우를 가정한다. 또한 원형봉 1의 선단 곡률반지름 R_1 및 원형봉 2의 길이 L_2를 변화시키면서 충격하중을 구했다. 또한 원형봉 1·2의 종방향 탄성률 및 밀도는 각각 $E = 210\text{GPa}$ 및 $\rho = 7900\text{kg/m}^3$로 가정한다. 그림 6.14는 원형봉 1의 선단 곡률반지름을 10mm로 하고, 원형봉 2의 길이를 0.1~10m로 변화를 주었을 때의 충격하중이다. 원형봉을 전파하는 응력 속도는 식(6.15)에서 $c_0 = 5160\text{m/s}$ 이 되므로, 원형봉 2 길이를 응파가 한 번 왕복하는 시간(1차 고유주기) 은 각각 표 6.1이 된다.

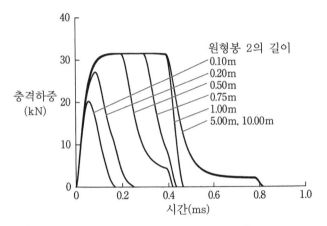

그림 6.14 원형봉 2의 길이 변화에 따른 충격하중

표 6.1 응력파의 전파 시간

원형봉 2의 길이(m)	응력파가 1번 왕복하는 시간(ms)
0.10	0.039
0.20	0.078
0.50	0.194
0.75	0.291
1.00	0.388
5.00	1.938
10.00	3.876

그림 6.14에서 원형봉 2의 길이가 0.1m 및 0.2m일 때 충돌단의 국부 변형에 의해 충격하중이 증가한다. 충격하중이 최대가 되는 시간은 정확히 원형봉 2의 응력파가 충돌단 반대편 끝에서 응력파의 반사파가 되돌아온 시간에 해당한다. 즉 국부 변형이 진행되는 도중에 반사파가 돌아오므로 하중이 감소하며, 충격하중의 시간 변화는 산 모양이 된다. 이에 반해 원형봉 2가 길어지면(0.5m 및 0.75m) 국부 변형이 종료될 때까지 반사파가 돌아오지 않기 때문에 충격하중의 최대값이 일정하게 유지된다. 그 후 응력파가 돌아와 하중이 감소한다.

원형봉 1과 원형봉 2의 길이가 동일한 경우(1m)의 충격하중은 거의 직사각형 모양으로 시간 변화한다. 완전한 직사각형파가 되지 않는 이유는 앞서 설명한 바와 같이 충돌부의 국부 변형으로 인한 것이지만 충격하중 전체의 시간 변화는 봉 내부의 응력파 전파가 지배하고 있다. 또한 원형봉 2가 길어질 경우 원형봉 2를 전파하는 응력파의 영향이 아니라 원형봉1의 내부를 전파하는 응력파가 다른 단에서 반사함으로써 충격하중의 시간 변화가 결정된다. 또한 충격하중의 최대값은 거의 32kN이며, 봉 충돌에 의해 발생하는 압축응력에 원형봉 단면적을 곱한 것과 같은 값이다. 또한 길이 1m인 원형봉 1의 질량은 2.5kg이며, 자중은 약 25N이 되어 충돌에 의해 발생하는 충격하중은 훨씬 큰 값이 된다.[1]

$$\sigma_x = -\frac{1}{2}\rho c_0 V_0 \tag{6.18}$$

그림 6.15는 원형봉 1·2 모두 길이를 1m로 하고 원형봉 1의 선단 곡률반지름을 5~200mm로 변경했을 때의 충격하중의 변화를 나타낸다. 원형봉 1·2는 길이·재료 특성이 동일하므로, 거의 직사각형 모양의 시간 변화를 나타낸다. 원형봉 1 선단의 곡률 반지름이 작을 경우 선단의 국부

변형이 크기 때문에 충격하중이 서서히 증가하고 곡률 반지름이 커지면 선단의 국부 변형이 작아서 급격히 충격하중이 증가하는 것을 알 수 있다. 또한 반사파에 의해 제하 시 하중 감소 속도 또한 선단의 국부 변형의 영향을 받는 것으로 확인된다. 이 때문에 접촉부의 미세한 변형이 충격하중의 시간 변화에 영향을 미치는 것을 알 수 있다.

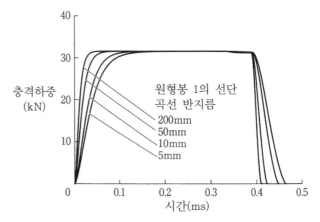

그림 6.15 원형봉 1의 선단 곡률 반지름의 변경에 따른 충격하중

6.3.3 원형봉 충돌을 받는 보의 충격응답

다음으로 원형봉과 보의 충돌을 생각한다. 그림 6.16과 같이 보의 양단이 고정되어 있고 중앙에 원형봉이 충돌한다고 한다. Hertz 접촉 이론인 식(6.10)에 있어서 단위 계단 하중 $H(t)$가 작용했을 때 보의 응답은 Laplace 변환을 이용하는 것으로 구해져 식(6.1)에서 다음과 같이 두면 구할 수 있다.

$$F(t) = H(t) \tag{6.19}$$

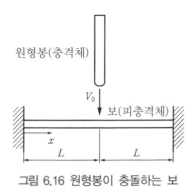

그림 6.16 원형봉이 충돌하는 보

해석에서 보의 길이, 높이, 폭은 각각 0.2m, 10mm, 10mm라고 한다.충
돌하는 원형봉의 직경은 10mm이며, 길이, 선단의 곡률 반지름, 충돌속도
를 변화시켰을 때 충격하중의 변화와 보의 응답을 생각한다. 또한 보, 원
형봉 모두 종방향 탄성률 및 밀도를 $E = 210\text{GPa}$, $\rho = 7900\text{kg/m}^3$로 한다.
원형봉 충돌속도를 2m/s, 선단 곡률 반지름을 5mm로 하고, 원형봉 길이
를 0.1~3.0m로 변화를 주었을 때 충격하중은 그림 6.17과 같다.

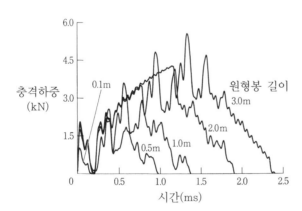

그림 6.17 원형봉 길이 변화에 따른 충격하중

이때 보의 고유진동수(주기), 각 길이의 원형봉의 종방향 진동 고유진
동수(주기) 및 질량은 표 6.2와 같다. 하중이 발생한 후 원형봉의 1차 고
유주기에 해당하는 시간, 즉 원형봉 충돌단에 반사파가 되돌아오기까지

의 하중이 진동하면서 계속 상승한다. 예를 들어 원형봉 길이가 2m일 때 0.8ms까지 하중은 증가했다가 그 후 진동하면서 감소하여, 하중 시간은 1.9ms가 된다.

원형봉의 길이가 3m일 때 하중은 1.2ms까지 증가하고, 그 후 진동하면서 감소하여 하중 부하 시간은 2.3ms가 된다. 하중의 시간 변동에서 뾰족한 모양으로 나타나는 피크는 2차 고유진동주기와 거의 일치한다. 따라서 충격하중은 원형봉의 고유진동과 보의 고유진동이 중첩되어 항상 매끄럽게 변화하지는 않는다. 예를 들어 충격하중을 측정할 때 복잡한 진동이 있는 경우 일반적인 잡음으로서 Low-pass 필터가 사용되어 파형이 매끄럽게 측정되기도 하나, 충격체 및 피충격체의 고유진동수를 고려해 필터를 확인할 필요가 있다. 그리고 표 6.2의 질량, 특히 충격체의 질량과 충격하중의 크기는 직접적인 관계가 없음을 알 수 있다. 해석에 있어서 원형봉의 중력은 무시되는데, 원형봉 중력에 비해 훨씬 큰 하중이 작용하고 있음을 확인할 수 있다.

표 6.2 보와 원형봉의 고유진동수·주기

		1차 고유진동		2차 고유진동		질량(kg)
		진동수(kHz)	주기(ms)	진동수(kHz)	주기(ms)	
보		1.32	0.755	3.65	0.274	0.16
원형봉	0.1m	25.8	0.039	51.6	0.178	0.06
	0.5m	10.3	0.194	20.6	0.097	0.31
	1.0m	2.58	0.388	5.16	0.194	0.62
	2.0m	1.29	0.775	2.58	0.388	1.24
	3.0m	0.86	1.163	1.72	0.581	1.86

그림 6.18은 보 길이를 1m, 원형봉 길이와 선단의 곡률반지름을 각각 1m, 5mm라 하고, 원형봉의 충돌속도를 0.5~4.0m/s로 변화를 주었을 때 나타나는 충격하중의 시간 변화이다. 충돌속도만 다르고 원형봉과 피충격체인 보의 형상이 동일하기 때문에 하중의 크기가 변화해도 시간 변

화는 동일하다. 또한 하중 크기는 충돌속도와 비례함을 알 수 있다. 이는 원형봉과 보의 충돌뿐 아니라 일반 구조물이 충돌할 때의 충돌속도와 충격하중의 크기도 비례한다. 단, 보와 원형봉 접촉부에 소성변형이 발생했을 때의 충격하중은 충돌속도에 비례하지 않고 그림 6.18처럼 탄성 해석에서 얻어지는 결과보다도 하중값이 작아진다.

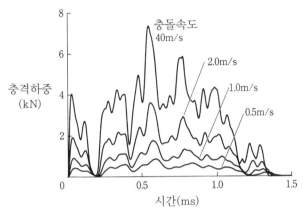

그림 6.18 충돌속도의 변화에 따른 충격하중

이어서 그림 6.19는 원형봉 길이를 1m, 원형봉 충돌속도를 1m/s, 원형봉 충돌속도를 1m/s로 하고, 봉 선단 곡률반지름을 1mm, 5mm, 10mm로 변화시켰을 때 나타나는 충격하중의 시간 변화이다. 원형봉의 선단 곡률반지름이 충격하중에 미치는 영향은 원형봉끼리의 충돌(그림 6.15)과 비교했을 때 크게 눈에 띄지는 않는다. 이는 보 자체의 강성이 낮아 국부 변형의 영향보다 굴곡이 크기 때문이다.

그림 6.17의 충격하중이 작용했을 때의 보 충돌점 처짐시간 변동을 그림 6.20, 휨 모멘트 시간 변화를 그림 6.21에 나타내었다. 각기 다른 길이의 원형봉이 충돌하여 발생한 하중의 작용 시간 내에서 굴곡과 휨 모멘트가 크게 발생하는 것을 알 수 있다. 그림 6.17의 하중 시간 변화에

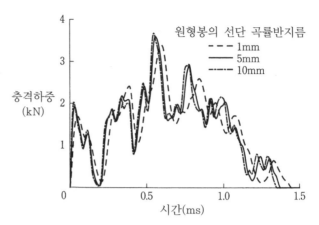

그림 6.19 원형봉의 선단 곡률반지름 변화에 따른 충격하중

비해 굴곡 모멘트는 매끈한 시간 변화를 보이며, 하중이 멈춘 후에도 진폭이 작기는 하나 계속 진동한다. 따라서 충돌에 의한 충격하중과 구조물의 변형, 응력은 반드시 시간에 따라 동일한 변화를 보이지는 않는다. 따라서 관성력을 포함하여 구조물 힘의 균형을 고려해야 한다는 사실을 알 수 있다.

아울러 충돌 해석에 관한 상세한 내용에 관해서는 문헌[11]을 참조하기 바란다.

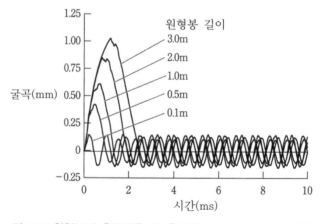

그림 6.20 원형봉이 충돌했을 때 충돌점의 보의 굴곡 시간 변동

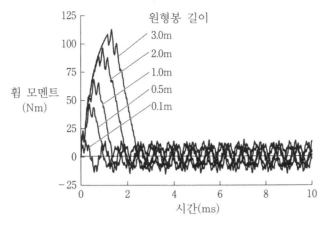

그림 6.21 원형봉이 충돌했을 때 충돌점의 휨 모멘트 시간 변동

6.4 마치며

구조물의 1차 고유진동수 부근 또는 그보다 높은 주파수 성분 진동을 포함한 하중·변위가 주어졌을 때 구조물 응답에 관성력 효과가 발생하여 구조물은 하중·변위의 시간 변화와는 다른 응답을 보인다. 반대로 1차 고유진동수 이하의 주파수 성분이 강한 하중·변위가 주어졌을 때, 구조물은 하중의 시간 변화와 동일한 준정적 응답을 보인다. 구조물에 충격체가 충돌할 때 충격하중은 구조물과 충격체 응력파의 전파(고유진동)의 지배를 받기 때문에, 충격체가 다르면 충격하중, 구조물의 충격응답시간 변화, 크기가 달라진다. 충격체가 동일한 경우 충돌속도는 충격하중 크기에 비례한다. 또한 충격하중의 초기 시간 변화는 충격체와 구조물 접촉부의 국부변형의 지배를 받으며, 특히 충격체가 작은 경우에는 접촉부 국부 변형의 영향을 크게 받는다.

여기서 해석 결과는 충격체와 구조물 모두 탄성변형되었다고 전제한 것이다. 만일 충격체 또는 구조물의 접촉부에서 소성변형이 발생했다면, 충격하중 및 응력은 탄성변형을 가정한 해석보다 작은 값이 된다.

▌참고문헌

[1] 中原一郎 : 応用弾性学, 実教出版 (1977), 190 – 213

[2] S. P. Timoshenko : Vibration Problems in Engineering 4th Ed., Jonh-Wiley & Sons (1974), 432 – 435

[3] S. P. Timoshenko and S. Woinowsky-Kreiger: Theory of Plates and Shells 2nd Ed., McGraw-Hill (1964), 334 – 336

[4] R. D. Mindlin : J. Appl. Mech, 18(1951), 31 – 38

[5] K. F. Graff : Wave Motion in Elastic Solids, Oxford (1975), 140 – 212

[6] W. Krings and H. Waller : Inter. J. Numer. Meth. Eng., **14** (1979), 1183 – 1196

[7] 足立忠晴 : 流体と接する薄肉構造の連成衝撃応答に関する研究, 東京工業大学 博士論文 (1992), 18 – 53

[8] 機械工学便覧 基礎編, 日本機械学会 (2007), a2 – 101 – a2 – 108

[9] Goldsmith W. : Impact : The Theory and Physical Behaviour of Colliding Solids, Dover (2001), 82 – 144

[10] たとえば, C. R. ワイリー : 工業数学 上, ブレイン図書出版 (1973), 270 – 279. (R. C. Wylie, Barrett L. C. : Advanced Engineering Mathematics 6th ed., McGraw-Hill (1995), 661 – 665

[11] T. Adachi and M. Higuchi: Acta Mech, **224** (2013), 1061 – 1076

철근 콘크리트의
충격강도

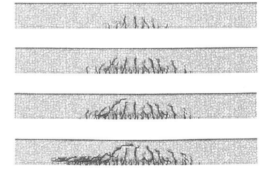

❙ 앞의 그림

동적 하중에 대한 철근 콘크리트의 균열의 생성 과정

* Choo, B., Hwang, Y. K., Bolander, J. E., & Lim, Y. M. Failure Simulation of Reinforced Concrete Structures Subjected to High-loading Rates using Three-dimensional Rigid-Body-Spring-Networks *International Journal of Impact Engineering*, (submitted).

제7장

철근 콘크리트의
충격강도

7.1 철근 콘크리트의 일반적인 구조 특성

7.1.1 철근 콘크리트 보의 구조

콘크리트의 재료 물성은 비중이 약 2.35, 압축강도 f'_c가 약 18~60MPa로 인장강도 f_t가 압축강도의 1/10 정도이다. 또한 일본토목학회 콘크리트표준시방서(이하 시방서)[1]가 규정한 탄성률 E_c는 압축강도 f'_c에 비례해 커지고, $f'_c = 18$MPa에서 $E_c = 22$GPa, $f'_c = 60$MPa에서 $E_c = 35$GPa 정도이다. 푸아송비 ν_c는 강도에 상관없이 약 $\nu_c = 1/6$로 취급된다. 따라서 콘크리트는 중력댐처럼 자체 무게로 수밀성을 이용하는 경우를 제외하면 콘크리트의 약점을 보충하기 위해 인장부에 철근을 배치하거나 PC 강봉이나 PC스트랜드를 배치해서 긴장력을 도입한 복합구조체로서 이용한다. 특히 철근을 배근하는 경우를 철근 콘크리트라고 부르며, Reinforced Concrete는 '(철근으로) 보강된 콘크리트'라는 의미이다. 연구자와 기술자들은 머리글자를 따서 RC라고 부른다.

철근은 일반적으로 콘크리트 인장 측에 배치하고 상·하단에 배치된 축방향 철근을 일정 간격으로 보조철근으로 둘러싸 전단력에 저항하는 기능을 부여하기도 한다. 이 철근을 전단 보강철근 또는 스터럽stirrup이라고 부른다. 그림 7.1은 일반적으로 사용되는 RC 보의 배근 상황과 철근 용어이다.

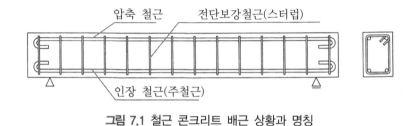

그림 7.1 철근 콘크리트 배근 상황과 명칭

7.1.2 RC 부재의 파괴 형상

RC 보는 단면 형상비나 철근량에 따라 다음과 같은 두 개의 파괴 형상으로 나타난다고 알려져 있다.

(1) 휨 파괴

그림 7.2와 같이 인장측 최하단부에 발생한 균열이 하중 증가에 비례하여 굴곡선 법선 방향으로 전진하여, 압축부 주변까지 도달한 후 압축 응력을 받는 상단부 콘크리트가 압축에 의한 한계변형률에 이르게 되면 파괴되며 종료된다. 이러한 파괴를 휨 파괴라 부른다.

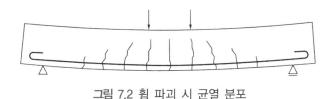

그림 7.2 휨 파괴 시 균열 분포

일반적으로 RC 보 부재의 휨 모멘트는 1) 콘크리트와 철근의 완전 부착, 2) 단면 내부의 평면 유지, 3) 콘크리트의 인장 저항의 무시를 가정했을 때, 철근과 콘크리트의 응력–변형률 관계를 이용하여 단면에 작용하는 축 방향력의 균형조건하에서 계산한다. 휨 파괴 시에는 주철근이 항복한 후에도 그 효과가 발휘되므로 RC 보 파괴는 압축응력을 받는 상단부의 콘크리트 변형률이 한계값에 도달할 때까지 서서히 진행되는 경향을 보인다.

(2) 전단 파괴

일반적으로 RC 보의 전단 파괴는 휨 모멘트와 전단력의 작용에 의해 최대전단력과 이 지점의 최대전단응력이 적용되는 지점에서 주응력이 콘크리트의 인장강도를 넘을 때 대각선 균열이 발생하여 붕괴하는 파괴 형식이다. 전단력은 두 가지 성분으로 이루어진다고 평가된다.

(1) 스터럽이 배근되지 않은 상태에서 콘크리트의 강도나 인장측 최하 단부에 배근되는 축방향 철근(주철근)에 의한 성분과 단면 형상 치 수로 결정되는 저항 성분(대각선 균열 내력)의 합으로 평가되는 내 력 성분. 이때 RC 보는 그림 7.3(a)와 같이 대각선 균열이 급격히 하중 방향 및 지점 방향으로 전진해 내력을 잃고 파괴된다.

(2) 스터럽이 배근되어 있는 상태로, 대각선 균열 발생 후 트러스 효과 에 의해 직접적으로 전단력에 저항하는 성분(트러스 작용에 의한 내력). 이때 RC 보는 하중 증가와 함께 그림 7.3(b)와 같이 대각

선 균열이 스터럽을 가로질러 압축측으로 전진하여 균열 개구와 스터럽 항복으로 내력을 잃어 파괴된다.

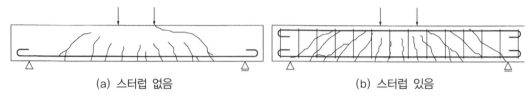

(a) 스터럽 없음   (b) 스터럽 있음

그림 7.3 전단 파괴 시 균열 분포

전단 파괴의 경우 특히 스터럽이 배근되지 않은 상태에서는 급격히 파괴가 진행되어 구조물 전체의 안정성에 영향을 줄 수 있다. 이 때문에 일본 토목학회 콘크리트표준시방서[1]에서는 반드시 최소한의 스터럽을 배치하도록 규정하고 있다. 따라서 실제 설계 시 국부적인 파괴가 구조물 전체에 미치는 영향을 최대한 억제하기 위해서 반드시 휨 파괴가 선행되고 종료되도록 설계하는 것이 관례이다. 또한 이러한 각 내력 평가식은 모두 시방서[1]에 규정되어 있다.

7.2 정하중에 의한 휨 파괴가 발생하는 RC 보의 추 낙하 충격실험

7.2.1 실험의 개요

RC 보의 충격강도를 논하기 위해서는 앞서 말한 바와 같이 각 파괴 모드를 집중적으로 검토해야 한다. 그러나 여기에서는 지면 관계상 RC 보의 내충격 설계에서 가장 중요한 정적 휨 파괴가 현저한 경우로 한정하여 서술하기로 한다. 이어서 RC 보의 내충격 거동을 검토하기 위한 추

낙하 충격실험 결과에 대해 설명하겠다.

그림 7.4와 같이 단면 치수 150×350mm, 지점 간 거리 2500mm인 구형 단면 RC 보에 관한 실험 결과에 대해 기술하겠다.[2] 실험은 300kg의 강철 추를 이용하여 최초 속도, 증분 속도를 1m/s로 하고 최대 5m/s까지 반복하중 실험과 반복하중 실험 결과를 참고로 충돌속도 $V = 5$, 6m/s로 하는 단일하중 실험이다. 측정 항목은 1) 무게 충격력, 2) 합지점반력 3) 하중점 변위에 대한 각 응답파형과 실험 종료 후의 균열 분포 형상이다. 또한 RC 보의 시방서에 기초한 각 내력(강도)은 휨 모멘트 P_{usc}, 전단 내력 V_{usc}이 각각 $P_{usc} = 47.2$kN, $V_{usc} = 155.8$kN이며, 전단 여유도 $\alpha = V_{usc}/P_{usc}$는 $\alpha = 3.3$이다. 따라서 이 시편은 정적 휨 파괴로 종료됨을 알 수 있다. 또한 RC 보의 종료는 과거 연구를 토대로 RC 보의 누적 잔류변위가 순 스팬 길이의 2%(본 RC 보는 50mm)에 도달한 상태라고 설정한다.

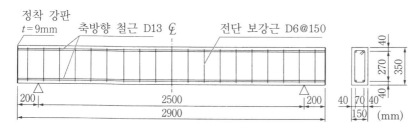

그림 7.4 시험체의 형상 치수 및 철근의 배근 상황

7.2.2 실험 방법 및 측정 항목

그림 7.5는 추낙하 충격실험의 상황이다. 사진에서처럼 RC 보를 지점 반력 측정용 로드셀이 내장된 지점에 설치했다. 또한 지점부에는 리바운드 방지용 강철제 횡방향 보를 설치했다. 지점 장치 전체는 회전만 허용하는 핀 지지에 가까운 구조로 되어 있다. 추는 하중을 가하는 부분의

그림 7.5 실험 상황

직경이 150mm인 강철 원주이며 선단부에는 충돌점의 부분 접촉을 방지하는 것을 목적으로 높이 2mm의 테이퍼(곡률반경 $r = 1407$mm)가 설치된다. 또한 추에는 충격력을 측정하기 위한 기왜주형 로드셀이 내장되어 있다. 추낙하 충격실험은 두 개의 지점에 설치된 RC 보의 스팬 중앙부에 지정 높이에서 추를 자유 낙하시킴으로써 실시하고 있다.

각 센서의 성능 중 추의 로드셀 용량과 응답 주파수는 각각 1470kN, DC~4.0kHz이며, 지점 로드셀은 980kN, DC~2.4kHz이다. 또한 변위 측정에는 레이저식 비접촉형 변위계를 이용하며 스트로크, 응답 주파수가 각각 200mm, DC~915Hz이다.

본 실험에서 이용한 센서는 레이저식 비접촉형 변위계를 제외하고 모두 변형률 게이지 형식이기 때문에 센서는 직류 증폭기를 사용하고 있다. 각 센서의 출력파형은 모두 광대역용 데이터 레코더(응답 주파수 DC~40kHz)에 일괄적으로 수록한 뒤 0.1ms/word 샘플링 간격으로 A/D 변환을 하고 있다. 또한 추 충격력 파형의 경우 충격 초기의 지속 시간이 매우 짧기 때문에 필터 처리를 하지 않았다. 한편, 파형의 파동 지속 시간이 추의 충격력 파형에 비해 충분히 길기 때문에 고주파의 노이즈 성분을 제거하기 위해 지점반력 파형과 변위파형에는 0.5ms의 직사각형 파 이동을 평균적으로 처리하였다.

7.3 실험결과 및 고찰

7.3.1 추 충격력, 지점반력, 하중점 변위파형

그림 7.6은 반복하중과 단일하중 실험의 추 충격력 P, 지점반력 R 및 하중점 변위(이후 단순 변위) δ에 관한 응답 파형이다. 그림에서 시간축은 추가 RC 보에 충돌하는 시점을 원점으로 최대 100ms까지 정리했다. 또한 반복하중 실험의 경우 각 하중 시작점에서 모든 센서의 0밸런스를 잡은 후에 측정했다. 따라서 변위파형에 누적 잔류변위는 포함되지 않았다. 먼저 그림 7.6(a)의 반복하중 실험 결과에 주목한다. 추 충격력 P는 충돌속도 $V=1\text{m/s}$일 때 충격 초기에 급격히 발생해 최대 응답값에 도달한 후 급격하게 0레벨까지 감쇠하는 성분(제1파)과 그 후 지속 시간이 수 ms인 반파가 3개 이어진 성분(제2파)으로 구성된 분포 형상을 보인다는 것을 알 수 있다. 충돌속도 V가 증가해도 지속 시간은 그다지 변화하지 않지만 최대 응답값은 증가하는 경향을 보인다. 또한 제2파를 형성하는 성분은 충돌속도 V가 증가함에 따라 서로 연성하여 계속 시간이 길고 진폭이 작은 하나의 정현반파로 이행해 가는 모습이 관찰된다. 지점반력 R은 충돌속도 $V=1\text{m/s}$일 경우 계속 시간이 약 12~14ms인 정현반파와 주기가 수 ms 정도인 고주파 성분으로 구성된 분포 형상을 보인다. 따라서 지점반력 R에 추 충격력 P에서 보이던 충격 초기의 지속

시간이 짧은 파형 성분은 여기되지 않고, P에 비해 저주파 성분이 탁월한 비교적 단순한 분포이다. 이 현상은 충돌속도 V가 증가하는 경우에도 동일하게 나타난다. 충돌속도 V가 증가할 경우 추 충격력 P처럼 최대값도 커지며, 지속 시간이 길어지고 있음을 알 수 있다. 또한 각 지점반력 R에서 하중 초기에 부반력이 발생한다. 이는 스팬 중앙부의 추 충돌 시 보의 단부가 위쪽으로 튀어 오르는 경향이 있기 때문이다.

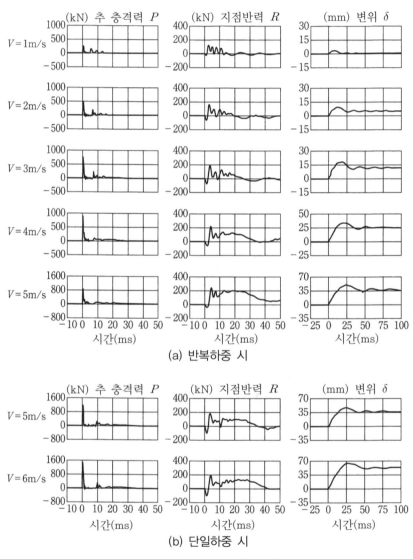

(a) 반복하중 시

(b) 단일하중 시

그림 7.6 추 충격력, 지점반력 및 변위 파동

변위 δ를 보면 충돌속도 $V=1\text{m/s}$의 경우에는 하중 지속 시간이 약 15~16ms의 정현반파상 분포를 나타낸다. 이 분포 형상은 고주파 성분의 유무를 제외하면 지점반력 R의 분포 형상과 유사하다. 또한 지속 시간은 추 충격력 P나 지점반력 R의 경우와 거의 비례한다. 하중 제하 후에는 감쇠 자유 진동 상태를 보이며 최종적으로 0레벨로 복귀한다. 따라서 철근은 아직 항복하지 않은 것으로 볼 수 있다. 충돌속도 V를 증가시킴에 따라 최대 변위는 커지고 진동주기도 길어진다. 하중 제하 후 변위 δ은 0레벨까지 복귀하지 않고 정방향으로 드리프트한 상태에서 진동한다. 이 드리프트 성분은 잔류변위 성분임을 의미하며, 보는 충돌속도 V의 증가와 함께 서서히 소성화가 진행되어 종료되는 형상이 관찰된다.

한편 그림 7.6(b)의 단일하중 실험 결과를 보면, 각 파형의 분포 형상은 반복하중 실험에서의 최종 하중 시와 대략 유사함을 알 수 있다. 즉, 추 충격력 P는 충격 초기 진폭이 크고 지속 시간이 짧은 파형 성분과 그 후 진폭이 작고 지속 시간이 비교적 긴 파형성분으로 구성된 분포 형상을 보인다. 또한 지점반력 R은 지속 시간이 약 35~40ms인 정현반파와 고주파 성분으로 구성된 분포 형상을 보인다. 또한 변위 δ은 하중재하 시에는 지점반력 R과 유사한 정현반파상의 형상을 나타내며 하중 제하 후에는 잔류변위를 갖는 감쇠 자유 진동 상태가 된다. 그러나 최대응답값에 주목하면, 무게 충격력 P는 단일하중일 때가 반복하중일 때보다 크다. 이는 반복하중일 경우 하중이 가해지는 지점 근처에서 하중 이력의 영향을 받아 국소적으로 압괴나 균열에 의한 손상이 현저해지고 하중이 가해지는 지점의 에너지 흡수가 커지기 때문이다. 한편 지점반력 및 변위 δ은 단일하중인 경우가 반복하중인 경우보다 약간 작게 나타난다. 이는 ① 반복하중의 경우 균열이 이미 보 전체에 분포되어 있기 때문에 휨 강성이 보 전체에서 저하되고 변형도 증가하는 경향을 보인다. 이에 반해

② 단일하중의 경우 최초 하중이므로 휨 강성은 반복하중인 경우보다 크고, 균열과 같은 손상도 하중이 가해지는 지점부에 더 집중되기 때문이라고 추정된다. 또한 단일하중과 반복하중 작용 시 각 응답 파형의 분포 형상이 유사한 이유는 반복하중 시에는 각 하중 시점에 변위가 잔류하지만 재하중 시에는 철근이 변형 경화의 형상을 보이지만 단일하중인 최초 하중과 유사한 재료 특성을 유지하고 거동하기 때문이라고 생각된다.[3]

이와 같이 무게 충격력은 충격 초기에는 진폭이 크고 지속 시간이 짧은 제1파와 그 후 진폭이 작고 지속시간이 비교적 긴 제2파가 이어지는 분포 형상을 나타내며, 지점반력 및 변위는 고주파 성분의 유무를 제외하면 하중재하 시 정현반파상으로 양쪽이 대략 유사한 비교적 단순한 시간 분포를 보인다는 사실이 명백해졌다. 따라서 지점반력과 변위에 대한 시간 분포는 양쪽이 대략 비례하는 것으로 밝혀져 RC 보의 충격 강도 평가의 지표로서는 추의 충격력 파형보다 지점반력 파형을 이용하는 편이 공학적으로 보다 합리적이라는 사실을 알 수 있다.

7.3.2 지점반력-변위 이력 곡선

그림 7.7은 반복하중 시 지점 반력-변위 이력 곡선($R-\delta$ 곡선)의 추이이다. 그림에서 충돌속도 $V=1\text{m/s}$와 같이 충돌속도가 작은 경우에는 $R-\delta$ 곡선으로 둘러싸인 면적은 평가하고자 하는 흡수에너지량으로 그 양이 작기 때문에 RC 보는 거의 탄성 상태임을 알 수 있다. 그 후 충돌속도 V의 증가에 따라 잔류변위 및 흡수에너지량은 증가하고, RC 보가 탄소성 상태로 이행하는 모습을 볼 수 있다.

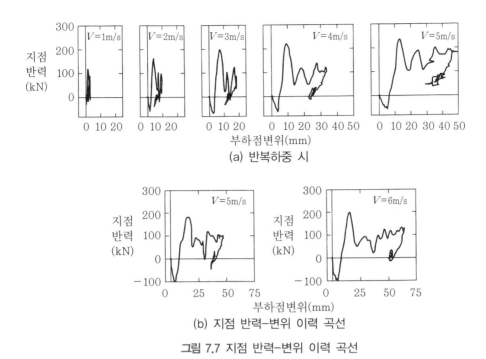

(a) 반복하중 시

(b) 지점 반력-변위 이력 곡선

그림 7.7 지점 반력-변위 이력 곡선

반복하중 시 최종하중 및 단일하중의 실험 결과로부터 지점반력 R은 마이너스 하중 상태에서 플러스 하중 상태로 이행한 후, 변위 증가에 비례하여 최대값까지 거의 선형으로 증가하고 있음을 알 수 있다. 그 후 증감을 반복하여 거동하였으나, 최대 변위 주변에서 다시 최대값까지 증가했다. 최대 변위 도달 후 지점반력 R은 초기보다는 경사가 작은 강성으로 제하했다. 따라서 R-δ 곡선은 고주파 성분이 포함되어 있지만 종료 시 주변에서는 모두 평행사변형상에 가까운 분포를 보이고 있음을 알 수 있다. 또한 하중제하 방법의 차이를 보면 하중제하 방법에 관계없이 전반적으로 양쪽에서 유사한 R-δ 곡선 분포를 보인다. 그러나 흡수에너지량 E_a는 충돌속도 V=5m/s인 경우 단일하중과 반복하중 시 각각 E_a=2.99, 5.15kJ 이며 반복하중 시의 흡수에너지량이 크다.

7.3.3 균열 분포

그림 7.8은 각 실험 종료 후 균열 분포를 나타낸다. 그림 7.8(a)의 반복하중 실험 종료 후의 분포를 보면 충돌속도가 $V=1m/s$인 경우 이미 인장측 하단에서 상단을 향해 뻗어가는 휨 균열이 발생했음을 확인할 수 있다. 그 후 충돌속도 V의 증가에 비례하여 균열도 지점 측에 분산되어 발생하고, 기존 균열은 상단을 향해 전진한다. $V=3m/s$ 충돌속도하에는 하중 접촉부가 압축파괴 경향을 보이고 있다. 또한 이 시점부터 지점 주변에서 상단에서 하단으로 향하는 균열이 발생하는 것을 확인할 수 있다. 이는 충격 초기에 지점 주변부가 고정단과 유사한 거동을 보인다는 사실을 암시한다. $V=4$, $5m/s$ 하중 시에는 충돌속도 V의 증가에 따라 하중점 주변의 손상이 현저해지고, 최종적으로는 휨 변형이 현저한 파괴 형상을 보인다.

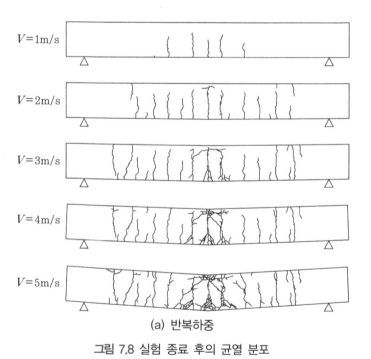

(a) 반복하중

그림 7.8 실험 종료 후의 균열 분포

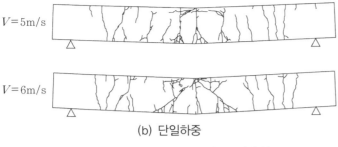

$V=5\text{m/s}$

$V=6\text{m/s}$

(b) 단일하중

그림 7.8 실험 종료 후의 균열 분포(계속)

한편 그림 7.8(b)에서 단일하중 시 발생하는 균열분포를 보면, 충돌속도 $V=5\text{m/s}$일 경우에는 반복하중 시 균열 발생 개수가 적지만, 하중점 주변부가 압괴의 경향을 나타내고 있다. $V=6\text{m/s}$일 경우에는 휨 균열 발생과 함께 하중점 주변부의 압괴가 보다 현저하게 나타난다. 또한 하중점을 향해 대각선 균열이 발생하고 전단파괴의 징후도 나타났다. 이는 휨 파괴형 RC 보에서도 단일하중이 가해진 경우에는 충돌속도의 증가에 따라 전단 파괴가 종료될 수도 있다는 사실을 암시한다.

7.3.4 지점 최대 반력과 정적 휨 모멘트(강도)의 관계

RC 보의 충격강도평가를 위해서는 앞서 설명한 바와 같이 추 충격력 파형보다 지점반력 파형을 이용하는 것이 보다 합리적이다. 또한 RC 보의 내충격성은 정적 휨 모멘트를 지표로 이용하는 편이 내충격 설계에서도 더 효율적이라고 판단된다. 따라서 여기에서는 RC 보의 충격력을 최대 지점반력 R_u를 이용하여 평가하고, 최대 지점반력 R_u와 정적 굴곡 내력 P_{usc}의 관계에 대해서 정량적으로 평가한다. 실제 구조를 상정하고 단일하중 실험 결과를 이용하여 평가하면 최대 지점반력 R_u와 정적 휨 모멘트 P_{usc}의 내력비 R_u/P_{usc}는 충돌속도 $V=5$, 6m/s에서 각각 2.68, 2.94가 된다. 또한 과거에 실시한 소형 RC 보에 관한 실험 결과[4]

에서는 전단 여유도 α의 증가에 비례하여 대수 함수로 커져, 반복하중 실험과 단일하중 실험이 정식화되었다. 여기에서 관측된 시험체(전단 여유도 $\alpha = 3.3$)의 단일하중값을 구하면 3.05가 된다.

7.3.5 흡수에너지와 입력에너지의 관계

충격하중을 받는 RC 보에 대해서는 에너지 불변의 법칙이 성립한다는 사실이 밝혀졌다.[5] RC 보의 에너지 수지 관계를 지점 반력−변위 곡선으로부터 구해지는 흡수에너지 E_a와 입력 에너지 $E_k(= MV^{2/2}$, M : 추 질량)의 관계에서 구하면, 두 에너지의 비 E_a/E_k는 충돌속도 $V=5$, 6m/s에서 각각 0.80, 0.81이 된다. 또 과거에 실시한 소형 RC 보에 관한 실험 결과에서는 내력을 이용한 유사한 관계식이 정식화되었다. 여기에서 제시한 단일하중에 관한 실험 결과에 대하여 평가하면 0.67로 구해진다.

7.3.6 내충격 설계용 정적 휨 모멘트(강도) 평가식의 정식화

7.3.2절에서 검토를 통해 지점 반력−변위 곡선($R-\delta$ 곡선)은 고주파 성분을 제외하면, 대략 평행사변형상의 분포를 보인다는 것이 밝혀졌다. 여기에서 $R-\delta$ 곡선을 그림 7.9의 최대 지점반력 R_u와 하중점의 잔류변위 δ_r로 둘러싸인 단순한 평행사변형 분포로 도식화하면 흡수에너지 E_a는 다음 식과 같다.

$$R_u \delta_r = E_a \tag{7.1}$$

이때 내력비 R_u/P_{usc}를 설계상 안전측이 되도록 3.0이라고 가정하고, 에너지 대비 E_a/E_k를 평균값 0.75라고 가정하면 다음과 같은 식을 얻을 수 있다.

$$3.0\,P_{usc}\delta_r = 0.75\,E_k \qquad\qquad (7.2)$$

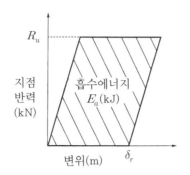

그림 7.9 지점 반력−변위 관계의 도식화

다음으로 식(7.2)를 P_{usc}로 정리하면

$$P_{usc} = (1/4.0)E_k/\delta_r \qquad\qquad (7.3)$$

여기에서 내충격 설계 시 요구되는 RC 보의 정적 휨 모멘트(이하 RC 보의 정적 휨 내력 P_{usd}와 구별하여 내충격 설계용 정적 휨 내력 P_{usd}라고 부른다)를 추의 충돌속도에 관계없이 설계상 안전측이 되도록 정수를 설정하면 다음 식과 같이 정식화할 수 있다.

$$P_{usd} = (1/3)E_{kd}/\delta_{rud} \qquad\qquad (7.4)$$

이때 E_{kd}, δ_{rud}는 각각 내충격 설계 시간에 설정되는 입력 에너지 및 RC 보의 종료 잔류변위이다. 이로부터 식(7.4)에 설계용 입력 에너지 E_{kd} 및 종료 잔류변위 δ_{rud}를 대입하여 내충격 설계용 정적 휨 내력(강도) P_{usd}를 산정할 수 있으며 산정된 내력 P_{usd}에 입각하여 단면을 결정하면, 단순 지지된 RC 보의 내충격 설계가 가능해진다.

7.4 마치며

철근 콘크리트(RC) 구조의 기본 부재인 단순지지 RC 보의 충격 강도를 검토하기 위해 단면 치수가 150×350mm, 지점 간 거리가 2,500mm인 사각 RC 보를 이용한 추낙하 충격실험 결과를 통해 충격 내력(강도) 평가를 시도했다. 여기에서 얻은 사항을 정리하면 다음과 같다.

(1) 최대 추 충격력은 응답 변위 0의 시점에서 여겨지기 때문에, 이를 RC 보 전체의 충격 강도 평가에 사용하는 것은 적절하지 않다고 판단된다.

(2) 지점반력 파형과 하중점 변위파형은 유사한 파형 형상을 보이므로 충격 내력(강도)을 정적하중에 대한 연장선으로 논의할 수 있을 것으로 판단된다.

(3) 휨 파괴형 RC 보의 경우, 종료 시 주변의 지점반력−하중점 변위 곡선은 평행사변형상으로 도식화가 가능하다.

(4) 정적 휨 모멘트에 대한 동적 지점반력비, 입력에너지량에 대한 흡수에너지량 비를 특정함으로써 종료 잔류변위 δ_{rud}를 설정하면 내충격 설계용 정적 휨 내력(강도) P_{usd}의 평가가 가능해진다. 이때 설계 입력 에너지량을 E_{kd}라고 하면 P_{usd}는 다음과 같이 안전 측에서 부여할 수 있다.

$$P_{usd} = (1/3)E_{kd}/\delta_{rud}$$

▌참고문헌

[1] 土木学会：コンクリート標準示方書, 2007 年制定, 設計編

[2] 岸徳光, 田口史雄, 三上浩, 栗橋祐介：ビニロン短繊維を混入した曲げ破壊型 RC はりの耐衝撃挙動, 構造工学論文集, Vol. 51A (2005), 1675－1686

[3] 岸徳光, 今野久志, 西弘明, 三上浩; 衝撃荷重を受けた RC はりのひび割れ補 修前後における残存衝撃耐力, 構造工学論文集, Vol. 51A (2005), 1695－1706

[4] 岸徳光, 三上浩, 松岡健一, 安藤智啓：静負荷時に曲げ破壊が卓越する RC はりの耐衝撃設計法に関する一提案, 土木学会論文集, No. 647/I－51(2000), 177－190

[5] 松岡健一, 岸徳光, 三上浩, 安藤智啓：スパン長の異なる RC はりの重睡落下 衝撃実験, コンクリート工学年次論文集, Vol. 20, No. 3 (1998), 1069－1074

접착부의 충격강도

Crack pattern from experiment

Crack pattern from simulation

❘ 앞의 그림

동적 하중에 대한 철근 콘크리트의 실험에서 얻어진 균열 형상과 수치해석을 통해 얻어진 균열
형상 비교

* Choo, B., Hwang, Y. K., Bolander, J. E., & Lim, Y. M. Failure Simulation of Reinforced Concrete
  Structures Subjected to High-loading Rates using Three-dimensional Rigid-Body-Spring-Networks
  International Journal of Impact Engineering, (submitted).

제8장

접착부의
충격강도

8.1 서 론

접합부의 발생은 기계나 구조물을 조립하는 데 있어 필수불가결한 상황이다. 지금까지 적용되는 접합 기술을 크게 분류하면 다음과 같다.[1]

(1) 기계적접합(볼트, 리벳 접합)

(2) 접착(접착제를 이용한 화학적 접합)

(3) 용접접합(금속재료의 용융 접합)

(4) 용접착(접착제와 용접접합의 병용)

접착adhesive bonding은 기존의 기계적 결합에 비해 경량화, 높은 피로강도, 우수한 감쇠특성, 접합특성의 향상, 기계 가공작업 간소화 등 다양한 특징을 가진 접합법이다. 이 때문에 예로부터 접착제를 사용한 접합이 자주 실시되었다. 그러나 접착의 문제점으로는 접착강도의 불규칙적인 크기, 고온에서의 강도저하, 피착제adherend의 표면 처리, 접착제의 경화 시간과 양생 온도 관리의 필요성 등이 있다.

접착(접합)강도bond strength를 정적으로 측정하기 위한 시험법은 이미 ASTM[2]이나 JIS[3]에서 접착시편 형상, 피접착제의 종류, 접착층 두께, 하중, 하중속도 등을 포함하여 상세하게 규정하고 있다. 그러나 접착층 내부의 복잡한 응력분포 및 변화로 인해 접착제가 가지고 있는 원래 강도를 얻을 수 없는, 적용은 쉬우나 절대치가 아닌 상대적인 값만을 얻게 되는 공업적인 시험법이 대부분이다.

접착(접합)강도는 ASTM에서는 "접착부를 파괴시키는 데 필요한 인장, 압축, 휨, 박리, 충격, 벽개, 전단 등의 단위하중"이라고 넓게 정의하고 있으며, JIS에서는 "접착된 2면 사이의 결합강도"라고 간단하게 정의하고 있다. 최근 항공기와 자동차를 경량화하기 위한 접착기술의 이용이 확대됨에 따라 접착부와 접착이음매의 내충격성에 관한 신뢰성 평가가 더욱 중요해지고 있다. 따라서 다음 항에서는 충격하중 시 접착부와 접착이음매의 강도평가법에 초점을 맞춰 충격시험법의 현황과 문제점 그리고 최근 연구 동향에 대해 설명하고자 한다.

8.2 접착이음매의 충격시험법의 현황과 문제점

일반적으로 접착강도 평가는 접착이음매가 유지할 수 있는 최대하중을 접착면적으로 나눈 평균값으로 이루어진다. 일반적으로 접착제를 경화시켜 만든 벌크(경화물)를 실험하여 얻은 재료의 고유강도와 접착이음

매에 적용하여 얻은 접착강도 사이에는 접착제의 탄성률을 제외하면 큰
연관성이 없으며, 오히려 접착층과 피착제 사이에서 쉽게 파괴되는 경향
이 있다.

충격하중 시 접착이음매의 시험 규격은 두 종류가 있다. 첫 번째는 진
자 샤르피 충격시험에 의한 충격강도시험법(ASTM D950-94[2]와 JIS K
6855[3])이다. 이 충격시험법은 그림 8.1과 같이 접착된 2개의 피착제 블록
을 진자 해머로 떼어내는 데 필요한 에너지를 접착면적으로 나누어 충격
전단강도impact shear strength로 나타낸다(값의 단위는 J/m^2). 접착부의 파괴
양식(접착파괴, 응집파괴, 피착파괴)은 하중속도에 따라 변화한다. ASTM
에는 이에 대한 언급이 없지만 JIS에는 이를 기재하도록 되어 있다. 이 시
험법은 접착층 내부에 작용하는 응력파의 영향은 전혀 고려되지 않았기
때문에 정밀한 충격전단 접착강도 평가법이라고는 할 수 없다. Adams
와 Harris는[4] 접착층 내부와 피착제 내부의 동적 유한요소 응력해석을

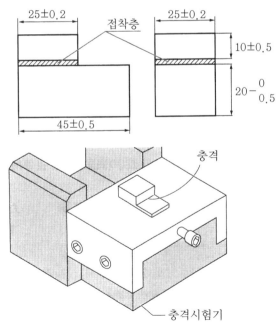

그림 8.1 충격전단 접착강도 시험법

통해 이 시험법의 여러 문제점을 정량적으로 지적했다. 결론적으로 이 시험법으로는 접착이음매의 충격흡수에너지의 상대적인 크기를 비교하는 것만 가능하기 때문에 충격하중을 받는 접착이음매의 강도설계에 효과적인 특성 데이터는 얻을 수 없다고 한다. 두 번째는 박판상 접착 시편(판폭 20mm, 길이 90mm, 두께 0.6~1.7mm)의 충격박리강도impact peel strength를 측정하기 위한 IWPImpact-Wedge-Peel 시험법으로, ISO[5]에서 규격화했다. 이 시험에서는 그림 8.2와 같이 박판 2개의 일부가 접착된 소리굽쇠tuning fork 형상 접착시편을 동적쐐기하중으로 벗겨낼 때 벽개 파괴cleavage fracture에 대한 접착제의 저항력을 측정한다.

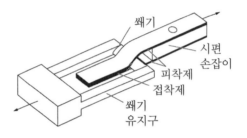

그림 8.2 Impact-wedge-peel 시험법

Blackman은 고속 유압시험기를 이용하여 소리굽쇠형상 접착시편(피착제: 강판과 알루미늄합금판, 접착제: 구조용 에폭시계 접착제 8종)에 IWP시험을 실시하여 쐐기의 팔 부분의 변형 게이지로부터 cleavage force-시간관계를 측정했다. 평균 cleavage force와 테이퍼 2중편 보 (TDCB) 형상의 접착시편을 사용한 파괴역학 시험에서 얻은 접착파괴 에너지 G_c 사이에 선형관계가 성립한다는 사실을 밝혀냈다. 또한 IWP시험은 균열이 접착층 내부에서 불안정 성장하는 경우에는 cleavage force 를 정확하게 평가하기가 어렵다고 지적했다. 이와 같이 접착이음 충격시험법에 대한 규정은 있으나 어디까지나 실험의 편의성을 고려한 공업적

인 시험법이며 과학적인 시험을 위해서는 이론적인 보강이 필요하다. 이 때문에 충격하중 시 접착이음매의 기본적인 강도와 접착파괴 에너지(파괴인성)를 정밀하게 평가하기 위해 여러 시험법이 계속 검토되고 있으나, 아직 표준화 단계까지는 이르지 못했다. 충격하중 시 재료를 평가하는 시험 방법과 가장 다른 점은 접착강도와 접착파괴 에너지가 이음매 형상과 피착제 형상의 치수, 피착제의 물성과 표면 거칠기, 접착층 두께 등에 크게 의존한다는 것이다. 최근 접착이음매의 동적거동과 충격시험법에 관한 상세한 문헌조사가 Sato[7], [8]에 의해 주도되고 있다.

8.3 접착이음매의 충격강도 평가에 관한 최근 연구

8.3.1 충격인장강도 측정

원형봉 단면을 맞대어 접착한 이음매는 형상이 단순하여 가장 빈번하게 사용하는 이음매 중 하나이다. 이 맞대기 접착이음매의 충격 인장강도를 정밀하게 결정하는 시험법의 연구 사례[9]를 통해 강도 평가 시 주

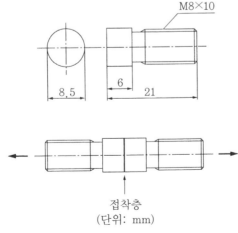

그림 8.3 원주 맞대기 접착이음매 시편의 형상치수

의점을 설명하겠다. 그림 8.3은 사용한 원주 맞대기 시편의 형상치수이다. 여기에 사용된 피접착제는 고탄소특수강(JIS SUJ2)과 고강도 알루미늄합금(7075-T6)이다. 접착제는 이음매 시편을 재사용할 수 있도록 시아노아크릴레이트계 속성경화성 접착제(순간접착제 아론알파#201)를 사용했다. 이 접착이음매를 준비할 때에는 미리 접착면의 거칠기를 표면조도계로 측정한 후, 적절한 치구를 사용해 동일한 축도를 확보하였고, 접착시 두께 $50\mu m$ 이하에서는 두 종류의 추(450g, 120g), 그 이상은 유리비즈(평균직경 약 $50\mu m$, $100\mu m$)를 사용하여 접착층 두께에 변화를 주었다.

이 이음매 시편을 24시간 이상 상온에서 방치한 후, 정적·충격 인장시험에 사용하였다. 우선 만능시험기를 사용하여 정적 접착인장강도를 결정했다. 시험 시 인장파단하중을 등분포 하중으로 바꿔, 접착층 내부의 정적탄성 응력분포를 축대칭 유한요소법으로 해석했다. 이때 사용한 유한요소모델이 그림 8.4, 계산 결과 사례가 그림 8.5이다.

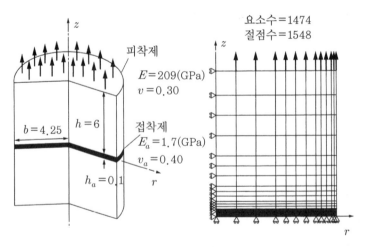

그림 8.4 유한요소 해석 모델을 위해 간략화된 맞대기 접착이음매 시편 모델

맞대기 접착이음의 인장시험에서는 피착제와 접착제의 접합계면 외주부에서의 응력특이성[10]이 문제가 된다. 즉, 그림 8.5(a)에서는 외주부 단면 근방에는 중심부의 일정한 인장축 응력의 약 1.6배 정도(요소분할을 세세하게 나눌수록 수치는 더욱 상승한다)의 응력집중이 보인다. 그러나 그림 8.5(b)와 같이 접착층 내부에서는 이러한 응력집중이 관찰되지 않는다. 정적시험에서 측정된 이음매의 평균 인장강도는 중심부의 인장축 응력과 거의 동일하다. 이는 유한요소모델의 외주부 단면의 모서리를 완전한 직각으로 해석했지만 실제 이음매 시편의 외주부 단면 모서리는 유한 곡률

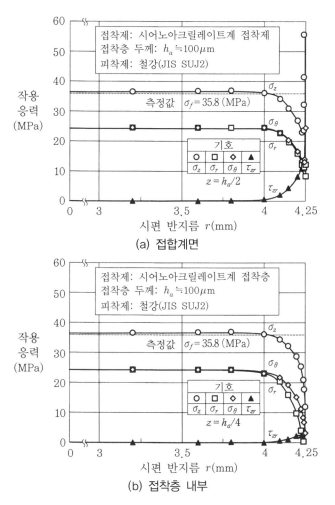

(a) 접합계면

(b) 접착층 내부

그림 8.5 맞대기 접착이음매 시편 내부의 정적응력분포(피착제: 강철)

(0.1mm 정도)을 가지므로 실제 응력집중이 해소되었기 때문이라고 분석된다. 그림 8.5에서 알 수 있듯이 접합계면의 접착층 내부는 피착제와 접착제의 물성 차이에 의해 단축응력 상태가 아닌 다축응력 상태가 된다. 계면 외측부 외의 단면에서 전단 응력 성분 γ_{zr}은 작기 때문에 무시한다고 하면, 주응력은 $\sigma 1 = \sigma_z$, $\sigma_2 = \sigma_3 = \sigma_\theta \fallingdotseq \sigma_r$이 된다. 취성 접착제를 사용한 맞대기 이음매의 인장하중 시 파괴는 최대 주응력 기준에 따라간다는 보고[11]가 있으므로 인장파단하중에서 산출된 접착면의 평균 인장축 응력 σ_z을 맞대기 접착이음매의 파괴기준으로 채용할 수 있다. 이와 같이 접착부의 강도평가는 접착층 내부의 응력해석과 파괴기준의 설정이 필요하다. 또한 고인성 접착제의 파괴기준으로 주변형률 기준이 적합하다는 보고[12]가 있다.

이음매 시편을 인장형 홉킨슨봉 장치(그림 8.6)에 장착하여 충격인장시험을 실시하여 결정한 계면의 인장응력–시간관계가 그림 8.7이다. 계면 내부의 동적응력분포는 정적시험과 동일한 반지름 방향이라 가정하고 이 관계의 최대응력값으로부터 충격인장강도를 결정했다. 이 값을 파괴개시시각 t_f로 나눔으로써 하중속도 $\dot{\sigma}$[MPa/s]를 정의하고, 인장강도를 이 값에 플롯한 결과는 그림 8.8과 같다.

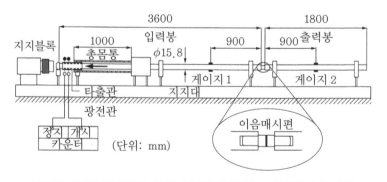

그림 8.6 충격인장시험을 위한 인장형 홉킨슨봉 장치(측정계 생략)

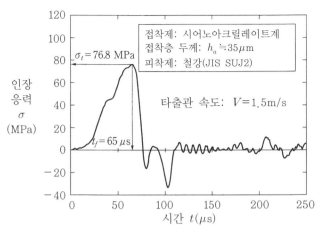

그림 8.7 맞대기 접착이음매 시편 내부의 인장응력–시간관계(피착제: 강철)

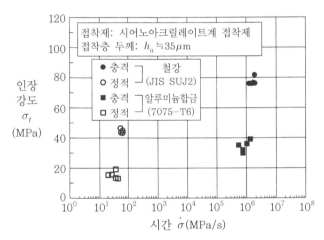

그림 8.8 맞대기 접착이음매의 인장강도에 미치는 하중속도의 영향(피착제: 강철과
알루미늄 합금)

이와 같이 접착강도는 하중속도의 상승에 따라 크게 증가한다. 이는 접착
제의 경화물 자체가 점탄성 특성을 가진 경우가 많아 변형률속도(하중속
도)의 상승과 함께 변형응력이 현저하게 상승하기 때문이다. 충격하중 시
에는 접착강도가 저하된다는 일반적 견해는 접착층 내부에 결함(균열, 기
공, 공극 등)이 없는 경우를 제외하면 반드시 옳은 것은 아니다. 동일한
접착제라도 피착제에 따라 접착강도가 크게 달라진다는 사실을 주의해야

한다. 그림 8.9는 접착층 두께에 정적·충격 인장강도를 플롯한 것이다. 이 관계로부터 접착 인장강도는 접착층 두께에도 의존하며 약 $35\mu m$에서 최대값을 보이고, 접착층 두께의 증가와 함께 감소하는 경향이 있다는 사실을 알 수 있다. 여기에는 제시하지 않았지만 파괴를 흡수한 이음매 시편의 파괴 에너지값 역시 충격에너지 흡수능[12]을 평가하는 데 중요한 특성 중 하나이다.

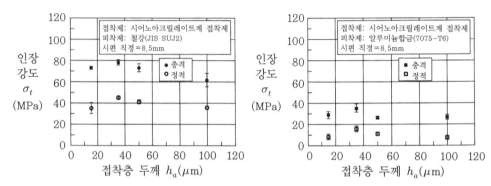

그림 8.9 맞대기 접착이음매의 인장강도에 미치는 접착층 두께의 영향(피착제: 강철과 알루미늄 합금)

참고를 위해 이와 관련된 연구 사례를 소개하겠다. Sato[13]는 원형봉 자유단에서의 반사 인장 응력파를 이용하여 에폭시계 접착제를 사용한 알루미늄합금 원주의 맞대기 접착이음매의 충격인장강도를 측정하였다. 이 시험에서도 충격강도는 정적강도보다 1.6배 이상 커졌다. 또한 Sato[14]는 클램프식 홉킨슨봉 장치로 조합(인장과 휨)하중 시의 에폭시계 접착의 충격강도를 결정하였다. 이 결과에 따르면 조합하중 시의 충격강도는 각각 정적강도의 2배 이상으로 상승했다. Wada[15]는 PMMA/Al판 맞대기 접착이음매에 접합부 응력장의 특이성을 나타내는 파라미터(K, λ)를 사용하여 충격인장강도를 평가하는 새로운 시험법을 제안했다. 또한 이음매의 접착층 내부의 동적응력분포를 엄밀하게 해석하기 위해서는 접착제경화물의 동적 응력−변형률 데이터가 필요하다. 이에 대한 연구 사례로는 Sato[16]의 파동 전파법에 의한 에폭시계 접착제경화물의 동적 점탄성 특성(점탄성 모델)의 결정, Yokoyama[17]의 압축형 홉킨슨봉에 의한 에폭시계 접착제경화물의 변형률속도 의존형 구성식의 결정, Martinez[18]의 홉킨슨봉에 의한 단축 변형률 시의 탄성접착제경화물의 동적압축응력−변형률 특성의 측정 등이 있다.

8.3.2 충격전단강도의 측정

인장강도와 마찬가지로 접착강도에서는 전단강도의 평가도 중요하다. 우리[19]는 ASTM D4562 규격에 있는 핀−칼라 시편(그림 8.10) 형상을 채용하여 홉킨슨봉을 이용해 충격압축 전단시험을 실시하여 시아노아크릴레이트계 경화가 빠른 접착제의 전단강도를 결정했다. 이 결과를 토대로 하중속도, 접착층 두께, 피착제(원주 맞대기 접착이음매와 동일)의 영향을 밝혀냈다.

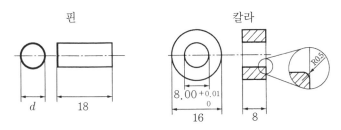

그림 8.10 핀칼라 이음매 시편의 형상치수

이 시험에서도 먼저 핀과 칼라의 접착층 내부의 축방향 전단응력분포가 동일하다는 사실을 정적응력 해석을 통해 확인해야 한다. 전단응력분포는 원주 맞대기 이음매와 달리 접착층 끝부분에서 전단응력 특이성이 발생하지 않는다. 접착층 두께에 변화를 주기 위해 핀 직경 d를 약간 변화시켰다. 접착이음매 시편을 준비할 때 역시 핀 표면과 칼라 내면의 거칠기 측정과 동축도를 확보를 위한 특별한 치구가 필요하다.

이 핀칼라 시편을 그림 8.11의 홉킨슨봉 장치를 이용한 압축전단시험을 실시해 측정한 접착층에 작용하는 전단응력−시간관계가 그림 8.12이다. 이 관계의 최대응력값에서 충격전단강도를 결정하였다. 동일 피착제, 특히 고탄소특수강에 대한 접착제의 전단강도가 그림 8.8의 인장강도보다 훨씬 작다는 사실을 알 수 있다. 이 전단강도를 파괴개시시각 t_f로 나눠 하중속도 $\dot{\gamma}$[MPa/s]를 정의하고, 전단강도를 이 값에 대한 플롯이라고 하면 그림 8.13이 된다. 이처럼 전단강도 역시 하중속도가 상승함에 따라 증가한다.

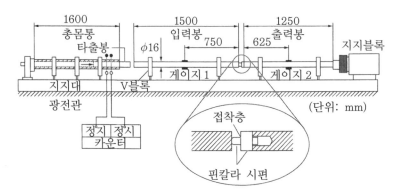

그림 8.11 충격압축 전단시험을 위한 압축형 홉킨슨봉 장치(측정계 생략)

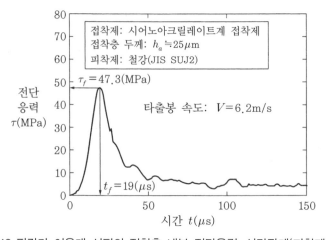

그림 8.12 핀칼라 이음매 시편의 접착층 내부 전단응력−시간관계(피착제: 축수강)

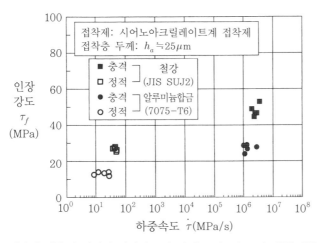

그림 8.13 핀칼라 이음매 시편의 전단강도에 미치는 하중속도의 영향(피착제: 고탄소 특수강과 고력 알루미늄합금)

    그림 8.14는 접착층 두께에 대한 정적·충격전단강도를 플롯한 것이다. 이 관계로부터 전단접착강도 역시 접착 두께에 의존하며 약 $25\mu m$에서 최대값을 취한 후, 접착층 두께의 증가에 따라 감소하는 경향을 보인다는 사실을 알 수 있다. Bezemer[20]도 이와 동일하게 핀칼라 시편(피착제: 알루미늄합금)에 추낙하장치와 공기총을 이용하여 충격하중을 가해 3종류의 구조용 접착제의 충격전단강도를 측정하였다. 그 결과에 따르면 폴리우레탄계 접착제 및 에폭시계 접착제는 하중속도에 따라 전단접착강도가 크게 상승하는 경향을 보였다. 또한 충격흡수에너지가 최대가 되는 접착층 두께가 존재한다고 지적했다. 최근 Raykhere[21]는 변형률 홉킨슨봉을 이용해 알루미늄합금과 복합재(GFRP)를 피착제로 하고 플랜지부를 갖는 원통형 접착이음매의 충격전단강도를 측정했다. 그 결과 4종류의 접착제의 하중속도 의존성이 정량적으로 밝혀졌다.

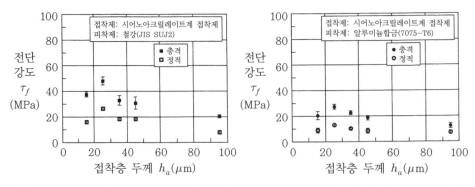

그림 8.14 핀칼라 이음매 시편의 전단강도에 미치는 접착층 두께의 영향(피착제: 특수강과 특수알루미늄합금)

8.4 마치며

접착부와 접착이음매의 강도평가를 실시할 때 일반적으로 유의해야 할 점과 현재 충격시험법의 문제점에 대해 대략적으로 설명했다. 또한 홉킨슨봉을 중심으로 한 최근의 연구 사례를 소개했다. 재료의 충격시험법으로 가장 신뢰성이 있는 홉킨슨봉법이 접착부와 접착이음매의 충격 강도평가에 있어서도 효과적인 수단이라는 사실은 의심의 여지가 없을 것이다. 최근 새로운 접착제(기능성 접착제와 생체용 접착제)의 개발 및 새로운 피착제(플라스틱과 섬유강화복합재)의 사용이 확대되어 이종재료 계면이나 마이크로 접합부의 충격강도평가도 중요한 과제가 되었다.

이러한 문제에 대처하기 위해서 접착부와 접착이음매에 관한 충격시험법을 표준화할 필요가 있지만 아직 해결해야 할 과제가 남아 있기 때문에 규격화 추진을 위해서는 기초적인 연구가 더 필요하다. 지면상 파괴역학을 기반으로 한 접착제 및 접착이음매의 충격파괴 에너지 G_C(파괴인성)를 측정하는 시험법은 생략했다.

참고문헌

[1] 宮入裕夫 : 機械技術者のための接着設計入門, (2000) 日刊工業新聞社

[2] Annual Book of ASTM Standards : Vol. 15. 06, Adhesives (1995), ASTM

[3] 日本規格協会 : JIS ハンドブック, **20**, 接着 (1995)

[4] R. D. Adams and J. A. Harris : Int. J. Adhesion and Adhesives, **16** (1996), 61－71 [5] International Standards Organization, ISO 11343, (1993)

[6] B. R. K. Blackman, A. J. Kinloch, A. C. Taylor and Y. Wang : J. Mater. Sci., **35** (2000), 1867－1884

[7] C. Sato : Impact Behavior of Adhesively Bonded Joints, In Adhesive Bonding: Science, Technology and Applications, R. D. Adams (Ed.), Woodhead Publishing Ltd, Cambridge (2005), Chap. 8, 164－188

[8] C. Sato : Impact, In Modeling of Adhesively Bonded Joint, L. F. M. da Silva and A Öchsner (Eds.), Springer-Verlarg, Berlin-Heidelberg (2008), Chap. 10, 279－03

[9] T. Yokoyama: J. Strain Analysis, **38** (2003), 233－245

[10] 結城良治(編著) : 界面の力学 (1993), 培風館

[11] 鈴木靖昭 : 日本機械学会論文集 A－50 (1984), 526－533

[12] J. A. Harris and R. D. Adams : Proc. IMechE. **199**, C2 (1985), 121－131

[13] 佐藤千明, 重見将人, 池上皓三, 岡部信次 : 日本接着学会誌, **32** (1996), 410－142

[14] 佐藤千明, 岩田英生, 池上咕三 : 日本機械学会論文集, A－**63** (1997), 341-346 [15] 和田 均, 久保 哲, 村瀬勝彦 : 材料, **50** (2001), 223－228

[16] 佐藤千明, 伊藤哲也, 池上咕三 : 日本接着学会誌, **30** (1994) 345－351

[17] T. Yokoyama, K. Nakai and N. H. Mohd Yatim : J. Adhesion, **88** (2012), 471－486

[18] M. A. Martinez, L.S. Chocron, J. Rodorigez, V. Sanchez Galvez and L. A. Sastre : Int. J. Adhesion and Adhesives, **18** (1998), 375－383

[19] T. Yokoyama and H. Shimizu : JSME Int. Ser., A－**41** (1998), 503－509

[20] A. A. Bezemer, C.B. Guyt and A. Vlot : Int. J. Adhesion and Adhesives, 18 (1998), 255－260

[21] S. L Raykhere, P. Kumar, R.K. Singh and V. Parameswaran : Materials and Design, **31** (2010), 2102－2109

초고압 충격과
물질합성

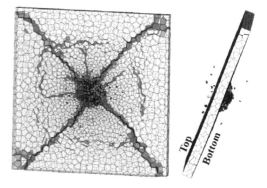

▌앞의 그림

콘크리트의 중앙에 충격 하중을 가하였을 때의 수치해석 결과

* Hwang, Y. K., & Lim, Y. M. (2017). Validation of three-dimensional irregular lattice model for concrete failure mode simulations under impact loads. *Engineering Fracture Mechanics, 169*, 109-127.

제9장

초고압 충격과
물질합성

9.1 서 론

충격파는 우리 생활에 다양한 형태로 연결되어 있다. 우리 주변의 자연계에서도 화산폭발이나 운석충돌, 공기 응축계 내부 등에서 보편적으로 발견할 수 있다. 특히 달이나 행성 표면에서 수많은 크레이터가 관측되었는데, 이는 우주에서 일어나는 충돌현상과 충격파현상은 지극히 일반적이며 희귀한 현상은 아니다. 공업 분야에서도 압축충격법으로 생산한 다이아몬드 미분말이 연마제로 널리 사용되고 있기 때문에 충격파와 물질의 상호작용을 연구해 우리 생활에 도움을 주는 일은 대단히 중요하다.

충격파 연구는 폭발시설이나 실험총 같은 장치를 이용한 실험적 연구와 컴퓨터를 이용한 시뮬레이션 연구로 크게 나뉜다. 이번 장에서는 실험적 연구를 중심으로 강력충격파에 의한 초고압력 발생기술과 응용에 관한 연구 현황을 소개하고 향후 연구에 도움이 될 만한 기초를 마련하고자 한다. 예로서 최근 신규 물질로 개발된 고압상 입방 질화규소의 대량 합성법을 확립하였고 이 물질의 물성평가를 진행하고 있다. 그 물성이 하나씩 밝혀지고 있으므로 그 결과에 대해서도 설명하고자 한다.

9.2 초고압력 충격

9.2.1 Rankine-Hugoniot의 식

충격파는 비선형으로 급격하게 시작하며 파면 전후에서 질량, 운동량, 에너지가 보존된다. 안정된 충격파는 에너지 보존법칙을 이용하면 쉽게 상태 해석을 할 수 있다. 이 관계는 Rankine-Hugoniot의 식으로 알려졌다.

$$d(U_s - U_p) = d_0 U_s \tag{9.1}$$

$$P - P_0 = d_0 U_s U_p \tag{9.2}$$

$$E = E_0 = 1/2(P + P_0)(V - V_0) \tag{9.3}$$

그림 9.1과 같이 d는 밀도, U_s는 충격파 속도, U_p는 입자 속도, P는 압력, E는 내부에너지, V는 부피다. 아래첨자 0은 충격파가 도달하기 전 초기 상태값이다. 초기 상태의 파라미터 내부 밀도는 측정이 가능하며 압축상태 내부의 2가지 파라미터, 예를 들어 U_s와 U_p을 동시에 측정하면 모든 상태 파라미터를 기술할 수 있다는 사실을 알 수 있다. U_p는 레이저 간섭속도계로, U_s는 시료 중 2점 사이의 충격파 도달시간을 광학적·전기적 방법으로 측정 가능하다. 또한 Manganin 게이지와 같은 압력게이지로

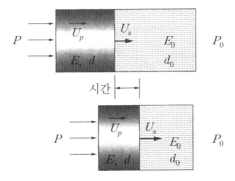

그림 9.1 Rankine–Hugoniot 관계

P를 직접 측정할 수도 있다. 최근에는 밀도를 직접 측정하는 방법도 사용되고 있다. 측정 결과를 해석하여 $U_s - U_p$ 관계와 $P-d$ 관계를 얻을 수 있으며, Hugoniot 압축곡선 결정과 상전이 유무가 검토된다. 이때 충격압축으로 인한 온도 상승은 내부에너지의 증가를 토대로 열역학적으로 유추할 수 있다. 그러나 결정 사이 미끄럼과 결정방위의 이방성 압축으로 인한 불균일 온도 상승, 분체시료의 공극 분포상태에 의존한 온도 상승 불균일, 분체 간 마찰에 의한 입자 1개의 표면온도와 내부온도의 온도차 등으로 인해 열역학적 평형이 되기 위한 시간이 충분하지 않다. 따라서 실제로는 계산으로 산출한 평균적인 충격온도에 대해서는 충분한 주의가 필요하다. 현재 충격온도계측에 관한 실험적 연구도 이루어지고 있다.

9.2.2 강력한 충격파 발생법

Rankine–Hugoniot식에서 충격압력 P를 크게 만들려면 초기밀도를 증가시키거나 충격파 속도 또는 입자속도를 크게 만들어야 한다. 이를 위해서는 초기밀도가 큰 물질을 고속으로 충돌시켜야 한다. 표 9.1과 같이 일반적으로 비상판으로 사용되는 금속과 같은 충격표준물질에 관해서는 1차 $U_s - U_p$ 관계가 알려져 있다. 강력충격파를 발생시키는 방법으

표 9.1 전형적 금속의 충격 특성

금속	밀도(g/cm³)	U_s(km/s)− U_p(km/s) 관계
Al 6061	2.70	$U_s = 5.24 + 1.40\,U_p$
SUS 304	7.90	$U_s = 4.57 + 1.49\,U_p$
Cu	8.93	$U_s = 3.94 + 1.49\,U_p$
Mo	10.2	$U_s = 5.14 + 1.25\,U_p$
Ta	16.7	$U_s = 3.41 + 1.20\,U_p$
U	19.05	$U_s = 2.48 + 1.53\,U_p$
W	19.3	$U_s = 4.03 + 1.24\,U_p$
Pt	21.4	$U_s = 3.64 + 1.54\,U_p$

로는 폭발, 고에너지 입자, 고밀도 레이저 펄스 등을 이용하는 방법이 있다. 레이저를 이용할 경우에는 고출력을 추출하기 위해 펄스(fs에서 ns레이저)를 이용하거나 여러 펄스를 동시에 이용해야 하며, 현재 기술로는 펄스당 MJ의 에너지까지 도달할 수 있다. 화약을 이용한 충격용 총은 비교적 쉽게 한 발당 MJ의 에너지까지 도달할 수 있으며, cm 사이즈의 시료에 평면성이 좋은 충격파가 μs 정도 발생할 수 있다. 충격용 총을 이용한 발생 충격파 실험에 비하면 레이저를 이용한 충격파 실험은 타깃 제작 문제, 충격파의 평면성 문제, 측정 기술개발 문제 등 데이터의 정밀도 향상 또한 필요하다. 레이저 충격파 발생 및 충격 압축상태 계측기술은 계속 발전하고 있다. 현재 가장 널리 사용되고 있는 충격용 총은 1단식 화약총과 2단식 경가스총이다. 1단식 화약총은 주로 무연화약을 밀폐용기 안에서 연소시킬 때 발생하는 가스의 압력으로 발사관 내부의 한쪽 끝에 놓인 비상체를 가속하여 발사관 다른 쪽 끝에 놓인 타깃을 고속으로 충돌시킴으로써 충격파를 발생시키는 장치이다(그림 9.2 참조). 비상체는 주로 원통형이며 앞부분에는 금속 비상판이 붙어 있다. 1단식 화약총 중 비교적 무거운 비행체(약 100g)를 최고속도 2km/s 정도까지 가속할 수 있으며 발생압력은 SUS 304의 대칭충돌에서 약 50GPa, Pt의 경우 약 100GPa가 가능하다.

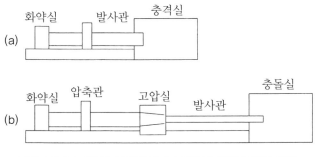

그림 9.2 (a) 1단식 화약총과 (b) 2단식 경가스총의 개관

속도한계는 비상체 중량에 크게 의존하지 않으며 발생가스의 평균 분자량 크기와 관련이 있다. 화약에 내포된 에너지 대부분은 자기 팽창에 사용되며 가속 에너지 효율(약 25%)은 약 25%로 낮은 편이다. 2단식 경가스총은 이 점을 개선하기 위해 2단 구동 가스에 분자량이 작은 경가스를 사용한다. 1단에서는 화약 연소 시의 가스압으로 수 kg의 무거운 비상체를 경가스로 충전한 압축관 내부에서 가속하여 고압실에서 단열압축된 고온고압의 경가스를 일시적으로 발생시킨다. 2단에서는 압축된 고온고압의 경가스로 최종적인 비상체(약 10g 정도)를 1단식 화약총의 3~4배의 속도까지 가속시킬 수 있다. 발생압력은 지구의 중심압력(약 365GPa)을 뛰어넘는다.[2] 고속의 비상체 가속은 펄스 레이저 등으로도 가능하지만 중량은 μg가 되어 시료 사이즈도 1mm 이하에서 두께가 10μm 정도가 된다.[3] 따라서 측정기술 또한 고도의 시간분해와 공간분해를 이용하여 측정하게 되며, 이를 통해 안정된 충격파임을 확인할 수 있어야 한다. 이 방면의 기술 개발은 미국에서 활발히 이루어지고 있다.[4]

9.2.3 Hugoniot 탄성한계와 탄소성 전이

고체에 충격파를 가하면 액체나 기체 내부와는 완전히 다른 현상이 일어난다. 고체에서는 압력이 낮은 경우 탄성파가 충격파에 앞서간다. 이는 저압에서는 충격파 속도가 종방향파 속도보다 느리기 때문인데 압력 증가에 따라 입자속도도 증가하여 압력-밀도의 관계를 그려보면, 일정 압력을 경계로 압축곡선이 꺾이는 것이 보이는 점이 있다. 이때의 압력을 Hugoniot 탄성한계[HEL]라 부른다. 이 압력 이상에서는 고체가 탄성을 잃기 시작해 서서히 소성으로 변하게 된다. 세라믹과 같은 물질들은 HEL 값이 20GPa를 초과하는 경우도 있다. 강한 충격파에서는 압력이 커져 충격파 속도가 탄성파 속도보다 커지게 되면, 탄성파는 사라지고 대상 물질은 소성영역에서 거동하게 된다. HEL이 큰 물질에서는 저압상에서 고압상으로 상전이가 시작되어도 탄성파가 선행하는 경우도 있다. 소결체와 등방적 물질은 HEL 이하의 압력에서 충격파의 진행방향과 수직인 응력 P_l는 $P_l = \nu P/(1-\nu)$로 나타낼 수 있다. ν는 푸아송비이다. 압력이 HEL을 초과하면 $P_l = P - \Psi$이고 Ψ는 1축 압축의 동적 항복응력이다. 금속에서는 $P_{HEL}(1-2\nu) = \Psi(1-\nu)$, 세라믹에서는 $P_{HEL}(1-2\nu)^2 = \Psi(1-\nu)$가 보다 나은 근사값이다.[5]

9.3 물질의 합성

9.3.1 고압에서의 전이

충격실험으로 1차 고압에서 상전이를 검출하는 방법은 두 가지가 있다. Hugoniot 측정으로 $U_s - U_p$관계나 $P - d$관계로 불연속성을 찾는 방법과 실제 충격압축을 받은 시료를 해석하여 상의 변화를 검출하는 충격시료 회수법이 있다. 전자에서는 결정구조의 변화를 직접 확인할 수 없지만 부피변화나 상태 방정식을 해석함으로써 결정 구조의 변화를 추정한다. 후자에서는 고압상이 대기압에서 동결 가능할 때 결정구조나 물성 등을 평가할 수 있는 직접적인 방법이지만, 동결이 불가능한 경우나 압력해방 과정에서 어닐링annealing으로 다른 상으로 변화하는 경우에는 이 방법을 사용할 수 없다. Hugoniot를 측정하는 방법은 다양하지만 시간분해가 가능한 연속적인 측정방법이 유리하다. 충격파 속도는 진행방향으로 검출기를 나란히 놓고 충격파가 도착하는 상태의 변화를 기록하여 도착 시간의 차이로 속도를 산출한다. 입자속도(자유표면근사에서는 입자속도의 2배인 자유표면속도를 측정하는 경우도 있음)는 충격파가 도착했을 때 그 위치에 있는 원자가 당겨져 움직이는 속도이며 일정 자기장 안의 구리 박의 기전력 측정, 경사경의 경면 파괴 속도 측정(그림 9.3 참조), Doppler 효과를 이용하는 VISAR[6]라 부르는 레이저 간섭속도계 등에서 일반적으로 측정된다.

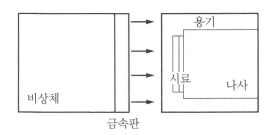

그림 9.3 경사경법에서의 Hugoniot 측정실험의 모식도

충격으로 인한 용해의 검출은 충격 온도와 압력의 관계에서 불연속적인 변화로 검출할 수 있다. 투명한 시료의 충격 온도는 고속 파이로미터로 기록된 스펙트럼을 해석하여 흑체복사 근사로 온도를 산출할 수 있다. 그러나 온도가 충격압축 시료의 평형 온도인지 각별한 주의가 필요하다. 특히 저압 충격에서는 전단에 의한 국소적 고온부가 발생해 불균일하며 열적인 비평형 상태가 된다고 알려져 있다. 따라서 충격온도를 측정할 때는 이를 미리 확인해야 한다. 또한 계면의 평탄성이 측정 온도에 큰 영향을 미치기도 한다.[7] 충격회수실험에서는 그림 9.4처럼 충격파나 저밀도파(팽창파)로 인한 파괴로부터 시료를 보호하기 위해 금속 용기에 봉입한 후 충격파를 가해서 얻은 시료를 해석한다. 출발원료와의 비교를 통해 충격압축 프로세스 중에 일어난 반응이나 상전이를 조사한다. 비상판 금속으로는 표 9.1처럼 금속이 사용되고, 용기로는 스테인리스강, 구리, 백금 등이 쓰인다. 용기는 시료와 반응하지 않아야 한다. 또한 시료의 충격압은 시료 두께에 비해 비상 금속판이 훨씬 두껍고 금속의 충격임피던스(충격파 속도 U_s와 초기밀도 d_0의 곱)가 시료보다 클 경우에는 시료 내부에서 충격파가 반복되고 그에 따른 압력도 단계적으로 증가해 최종 압력이 금속 용기의 압력까지 다다른다.[8] 이와 같이 회수실험recovery test 시 압력은 Hugoniot의 기존 표준물질인 금속판과 용기를 이용하여 충돌속도를 측정함으로써 쉽게 산출된다. 또한 충격회수실험으로 반응을 촉진시키고 확산을 증가시키기 위해서는 고온일수록 유리하며, 시료에 다량의 구리가루를 혼합하여 충격온도를 효과적으로 높일 수 있다. 이는 충격압축의 내부에너지가 크게 증가한 이유는 제1충격 압축상태와 관계가 있다.

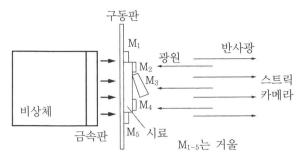

그림 9.4 충격회수실험 모식도

그림 9.5는 구리가루의 초기밀도와 각 압력에서 계산된 충격온도의 관계이다. 사선영역에서 부분 융해하여 완전히 액체가 된다. 융해온도 이상에서는 융해잠열을 보정한다(약 500°C). 다량의 구리가루를 공존시켜 시료온도가 구리가루와 평형이 되면 온도효과를 검토할 수 있게 된다. 열전도성이 뛰어난 구리가 공존하기 때문에 충격압축 후 해방과정에서 잔류온도를 급속히 저하시켜 고압상에서 저압상으로의 역변환을 방지하는 효과를 기대할 수 있다.

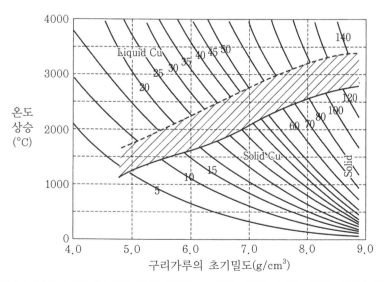

그림 9.5 구리가루의 초기밀도와 충격온도의 계산(그림의 수치는 압력, 사선 부분은 동이 부분 용융된 것으로 잠열 보정이 필요)

9.3.2 질화규소의 충격압축

질화규소와 관련 물질은 고온안정성, 고내산화 침식성, 고경도, 고강도 등의 특성을 갖기 때문에 중요한 공업물질로서 연구개발이 진행되고 있다. 그러나 이러한 세라믹 재료는 본질적인 특성이나 프로세싱 문제로 현재로서는 응용에 한계가 있다. 새로운 고성능 세라믹 재료 개발을 위해서는 고압력 기술을 응용하는 편이 전망이 있다. 일반적으로 화학결합은 고압에서 더욱 강해지기 때문이다. 최근 입방정 질화규소가 고온고압력에서 안정된다는 사실이 밝혀졌다. 이에 필요한 최소압력은 약 13GPa이며, 이 영역을 준정적 압력으로 처리할 수 있는 시료량은 10mg 이하로 극히 소량이다. 더 많은 양의 시료를 고압적으로 처리하기 위해서는 충격압축법이 효과적이다. 이를 위해 입방정 질화규소(cSi_3N_4)의 충격합성을 시도하였다. 그 결과 고전환율로 cSi_3N_4 합성에 성공했다. 이 고압상은 스피넬 구조를 취하여 그 구조적 특성과 열적 특성, 경도 등의 기계적 물성을 평가했다. 스피넬형 구조의 구조상 전이를 더욱 상세하게 검토하기 위해 조성을 산질화물계 사이알론 SiAlON(Si-Al-O-N계 물질)[9]과 질화 게르마늄(Ge_3N_4)[10]으로 확대하여 검토를 진행하였다. 이 물질에서도 스피넬형 고압상을 합성할 수 있다는 사실이 밝혀졌다. 또한 고압 스피넬상의 더 큰 고압상을 탐색할 목적으로 아이온[AlON]이나 스피넬 구조물질에 대해서 검토한 결과 $CaTl_2O_4$형 구조가 가능성이 높은 것으로 밝혀졌다.[11] 먼저 $\beta-Si_3N_4$의 Hugoniot 측정 결과에 대해서 기술하겠다. 2단식 경가스총을 이용한 $\beta-Si_3N_4$ 소결체에 관한 Hugoniot 계측[12]을 약 150GPa까지 실시했다. 그 결과는 $U_s - U_p$ 관계(그림 9.6)와 밀도-압력 관계(그림 9.7)에 나타나 있다.

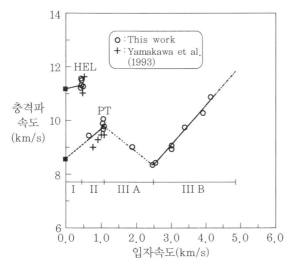

그림 9.6 βSi₃N₄의 충격파속도(U_s)-입자속도(U_p) 관계(HEL은 Hugoniot 탄성한계,
PT는 상전이점)

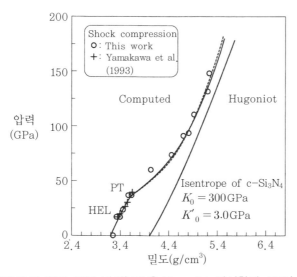

그림 9.7 βSi₃N₄의 밀도-압력 관계(HEL은 Hugoniot 탄성한계, PT치 상전이점)

Hugoniot 탄성한계(HEL)와 상전이 개시점(PT)은 각각 약 16GPa, 약 36GPa
로 결정되었다. 고압상 영역에서 Hugoniot 데이터를 해석하면 스피넬형
Si₃N₄의 체적탄성률은 300±10GPa이며, 압력의 1차 미분은 3으로 결정되
었다. 이 값은 최근 다이아몬드 앤빌셀을 이용한 압축 곡선에서 산출된 체

적탄성률 308±5GPa와도 일치한다. 또한 이 값은 저압상 α-나 β-형 Si_3N_4의 체적탄성률에 비해 약 25% 정도 큰 값이다. 이는 스피넬형 Si_3N_4에서 평균적으로 결합이 강화된 경질 물질 중 하나가 될 것으로 기대된다. 그림 9.7에 나타난 등엔트로피 단열압축곡선은 Birch-Murnaghan 상태 방정식의 체적탄성률 300GPa, 1차 압력미분을 3으로 계산한 것이다.

9.3.3 질화규소의 고압상 충격합성과 물성

충격회수실험에서는 α형과 β형(그림 9.8(a))의 분말 Si_3N_4를 원료로 90wt% 이상의 구리가루와 혼합한 압력 성형체를 구리 용기에 넣어 충격파를 가했다. 성형체의 초기밀도는 충격온도 제어에 있어 중요하다. 이론밀도의 약 70~80%가 적당하다. 스테인리스 등 철 계열 용기에서는 일부 Si_3N_4가 분해되어 질화물을 만들기 쉽기 때문에 구리 용기가 가장 적합하다. 공존하는 구리가루의 역할은 충격임피던스를 높임과 동시에 온도상승을 효과적으로 만드는 것이다. 구리가루가 공존하지 않으면 같은 압력조건에서도 시료회수가 어렵고 cSi_3N_4의 생성이 인정되지 않는

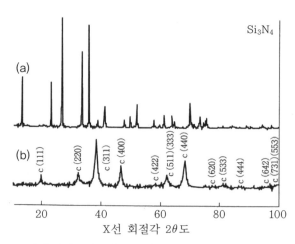

그림 9.8 βSi_3N_4의 충격회수시료의 X선 회절도 (a) 출발원료의 βSi_3N_4 (b) 63GPa의 시료

다.[13] 충격압축 회수실험에서는 20GPa의 충격압의 회수시료를 전자현미경으로 관찰해 cSi3N4이 극소량 생성되었음을 확인했다. 30GPa를 넘는 영역에서는 분말 X선 회절에서 명확하게 인정되는 전환율로 cSi3N4 생성이 확인되었다. 압력의 증가로 전환율은 상승하여 약 63GPa의 회수물(그림 9.8(b))은 거의 100% cSi3N4로 구성된다.

그림 9.9는 여러 실험에서 조사된 합성조건을 도식화한 것이다. S는 충격조건, DAC는 다이아몬드 앤빌셀의 실험조건, 흰색 사각형과 삼각형은 각각 다단 앤빌 고압장치에서의 합성조건으로 검은색 삼각형은 합성하지 못한 조건이다. 검은색 동그라미는 스피넬상이 β상에 역전환한 조건이다. ○와 ×는 각각 상압의 $\alpha-\beta$ 전이온도와 분해온도를 나타낸다.[14] 이렇게 얻은 시료는 전자현미경으로 관찰하면 입자 크기는 수 nm에서 50nm 정도의 초미분말이다. 스피넬입자 중에는 표피에 비정질 부분이 있으며, 조성은 SiO2와 비슷하다.

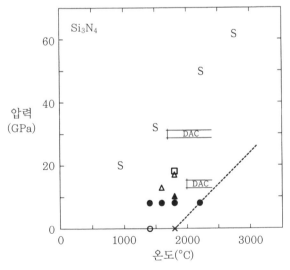

그림 9.9 스피넬형 Si3N4의 합성 P–T도(S: 충격압축, DAC: 다이아몬드 앤빌셀)

충격합성된 cSi_3N_4의 고온안정성에 대해서는 약 1500°C까지의 급랭실험과 DTA 측정에서 검토되었다.[15] 아르곤 분위기에서 DTA 측정은 약 1400°C에서 시작하여 약 1500°C로 끝나는 흡열반응이 나타났다. 이는 급랭시료의 X선 회절결과를 통해 cSi_3N_4에서 βSi_3N_4로 상전이로부터 유래한 것으로 인정되었다. 이 역전이 엔탈피 변화는 약 29kJ/mol로 측정되었다. 충격압축법으로 얻은 원래 시료에서는 고온으로부터의 급랭시료가 거의 β형으로 전이되었지만, 정제한 cSi_3N_4에서는 소량의 cSi_3N_4가 잔존한다는 사실이 X선 회절결과로 인정되었다. cSi_3N_4의 소결체 합성은 오카야마대학 지구내부연구센터의 다단식 앤빌고압장치에서 실시되었다. 고순도 βSi_3N_4의 분말(산소량 0.5wt%)을 백금캡슐(안지름 0.9×길이 1.8mm)에 봉입하여 18GPa, 1800°C, 20분을 유지하여 급랭했다. 이렇게 얻는 시편 단면의 마이크로 포커스 X선 회절 결과를 보면 완전히 스피넬상으로 전이되었다. 또한 전자현미경으로 관찰한 결과 입자 사이즈는 20~200nm 정도이며 공극이 거의 없는 것으로 확인되었다. 산소량은 EELS에서 측정한 계 이하(0.5wt%)로 확인되었다. 여기에서 얻은 시료를 표면연마하며 시마즈 DUH-W201S 마이크로비커스 경도계로 경도 측정을 실시하였다. 하중은 9.8~980mN까지 5개가 선택되었다. 하중이 증가함에 따라 측정값 경도현상이 관찰되었다.[16] 경도 측정법의 교정을 위해 이전 9.8N에서 49N의 하중에서 측정된 βSi_3N_4의 소결체 시료의 측정도 9.8mN과 980mN의 하중으로 실시하여 이전 값(15GPa)과 비교했다. 그 결과 이번 방법(11~14GPa)에서는 측정값이 작게 나왔다. 이러한 점에서 cSi_3N_4의 경도 측정은 충분히 신뢰성이 있다고 생각된다. 이번 실험에서 압흔의 깊이는 10~200nm 정도이며 입자크기와 거의 비슷한 상태에서 측정이 이루어졌다.

cSi_3N_4의 비커스 경도 측정의 보고 결과와 비교해보자. 17GPa, 2100K, 1시간으로 얻은 시료에서는 35.31GPa가 관찰된 사례[17]가 있으나 상세한

측정법에 대해서는 제시되지 않았다. 최근 다른 보고서[18]에서는 15GPa, 1800°C에서 비정질 Si_3N_4와 Si_3N_4(NH)로 합성된 시료로, 소량($<$ 4Wt%) 과 다량(약 14wt%)의 산소를 SiO_2와 SiN_xO_y의 표피로 함유한 미소시료 편에 나노인덴테이션법을 이용해 하중–변위관계에서 산출한 경도값이 각각 36~37(±8)GPa와 29~31(±9)GPa였다. 하중은 3mN과 5mN 두 가 지 경우로 조사했다. 다른 방법으로 측정한 cBN이나 Al_2O_3의 값도 동시 에 측정해 이 측정법을 교정했다. 측정된 값을 사용하며 산소를 함유하지 않는 cSi_3N_4의 경도에 외삽하면 30~43GPa를 얻을 수 있다. 이들이 제안 한 무산소 cSi_3N_4의 경도는 우리가 측정한 미량의 산소를 함유한 시량의 경도 측정 결과와 일치한다.

9.4 마치며

지금까지 충격공학의 입문을 위한 충격초고압의 발생법과 응용을 위 한 충격합성에 대해 기술하였다. 충격초고압은 시간적으로 μs 정도의 지속시간이지만 일반적인 정적압력에 비해 10GPa 이상의 초고압을 용 이하게 이용할 수 있고 다량의 시료를 고압 처리할 수 있는 특징이 있다. 산업 분야에서 유용한 고압상 물질합성에 적합하다. 또한 압력을 유체역 학적인 원리에서 취급할 수 있어 정적압축에서 압력교정할 필요가 없으 며, 압력교정을 위한 1차압 교정을 주는 데이터를 공급한다는 의미에서 는 고압 물리학에 필수적인 실험기법이기도 하다. 강력 충격파를 발생시 키기 위해 고에너지 물질을 다루기 때문에 실험에는 각별히 주의를 기울 여야 한다. 향후 압축충격실험은 압축력으로 발생하는 물질거동의 연구 를 통하여 우주행성과학의 충돌현상과 충격변성 등을 밝혀내기 위한 기 초적인 연구로서 더욱 발돋움할 것으로 기대된다.

참고문헌

[1] S. P. Marsh : LASL Shock Hugoniot Data, Univ. California Press (1980), 658

[2] T. Sekine and T. Kobayashi : Phys. Re, B35 (1997), 8034 – 8037

[3] H. L. He et al. : Appl. Optics, 40 (2001), 6327 – 6333

[4] D. G. Hicks et al. : Phys. Rev. Lett., 91 (2003), 35502 – 35505

[5] E. B. Zaretsky and G. I. Kanel : J. Appl. Phys., 81 (2002), 1192 – 1194

[6] L. M. Barker and R. E. Hollenbach : J. Appl. Phys., 43 (1972), 4669 – 4675

[7] S. L. Gupta et al. : Earth Planet Sci. Lett., 201 (12002), 1 – 12

[8] T. Sekine : Eur. J. Solid State Inorg. Chem., 34 (1997), 823 – 833

[9] T. Sekine et al. : Chem. Phys. Lett., 344 (2001), 395 – 399

[10] H. L. He et al. : J. Appl. Phys., 90 (2001), 4403 – 4406

[11] T. Sekine et al. : J. Appl. Phys., 94 (2003), 4803 – 4806

[12] H. He et al. : Phys. Rev., B62 (2000), 11412 – 11417

[13] T. Sekine et al. : Appl. Phys. Lett., 76 (2000), 3706 – 3708

[14] 関根利守 : 高圧力の科学と技術, 第 3 巻, 1 号 (2003), 55 – 60

[15] T. Sekine and T. Mitsuhashi : Appl. Phys. Lett., 79 (2001), 2719 – 2721

[16] I. Tanaka et al. : J. Mat. Res., 17 (2002), 731 – 733

[17] J. Z. Jiang et al. : J. Phys. Condens. Matter, 13 (2001), L515 – L525

[18] A. Zerr et al. : J. Am. Cer. Soc., 85 (2002), 86 – 90

제10장

충격문제와
수치해석법

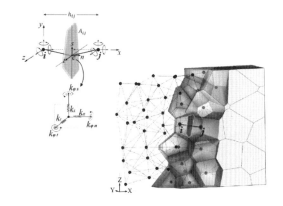

❚ 앞의 그림

* Hwang, Y. K., Bolander, J. E., & Lim, Y. M. (2020). Evaluation of dynamic tensile strength of concrete using lattice-based simulations of spalling tests. *International Journal of Fracture, 221* (2), 191-209.

충격문제와
수치해석법

10.1 서 론

오늘날 다양한 제품의 설계·개발 분야에서 CAE를 응용한 경우가 많은데, 특히 자동차 충돌 시뮬레이션과 같은 제품의 내충격성·충돌안전성 등의 충격문제가 중요한 설계요건 중 하나가 되었다. 1970년대에 폭발 등의 복잡한 비선형 현상을 다루기 위해 개발된 유체역학 해석코드에 설치된 해석기술을 발전시킨 동적 Explicit 유한요소법 소프트웨어가 현재 충격문제를 대상으로 하는 CAE의 중심이 된 것은 널리 알려진 사실이다(Explicit FEM 소프트웨어의 발달 역사에 관해서는 문헌[1]을 참조).

이번 장에서는 현재 널리 활용되는 Explicit 방식의 소프트웨어 응용의 개요를 살펴보자. 분야별 응용 비율로 보면 현재 자동차의 충돌 안전 성능 향상을 목적으로 한 활용이 가장 큰 비중을 차지하고 있다. 그 이유는 세계 각국에서 자동차 충돌안전기준이 법규화되고 있으며 이를 증명하기 위해서는 충돌실험만으로는 부족하기 때문에 충돌시뮬레이션에 기초한 안전설계가 필수가 되었기 때문이다. 이와 관련된 각 나라의 법규는 해마다 강화되고 있기 때문에 고액의 비용을 수반하는 실험의 횟수를 최대한 줄이기 위한 대책으로 수치 시뮬레이션 수요가 앞으로도 더욱 증가할 것으로 예상된다. 실제로 각 자동차 회사는 늘어나는 해석 건수에 대응하기 위해 해석 정밀도 향상을 목표로 계산능력의 강화를 꾀하고 있다. 특히 전자제품 분야에서도 내충격성능을 충족하면서 소형경량화를 꾀하는 충격해석을 통한 설계 또한 그 활용도에 크게 기여하고 있다. 노트북이 낙하했을 때 하드디스크장치에 발생하는 충격가속도를 설계기준치 이하로 저감하는 완충메커니즘의 개발이나, 휴대전화가 낙하했을 때 부품을 보호해 전화 기능을 보전하는 케이스 내충격성 향상 설계안의 사전검토 등이 대표적인 사례이다. 환경에 부담을 주지 않도록 천연 소재로 만든 충격완충재를 개발하는 일도 중요한 해석 주제이다.

충격문제와는 완전히 다른 분야이기는 하지만 프레스 성형 시뮬레이션인 소성가공 문제의 응용도 Explicit 소프트웨어가 담당하는 역할 중하나이다. 소성가공에서는 가공으로 인해 발생하는 '깨짐', '주름', '스프링백'과 같은 성형불량이 문제가 된다. 또한 튜브 굽힘과 같은 다단계 가공에서는 대부분의 경우 최종적인 제품의 판두께 분포를 예측하기 어렵다. 소성가공 시뮬레이션에서는 재료의 선형물성 특성, 소성이방성, 재료와 형태의 접촉 등을 수반하는 강도의 비선형 문제가 자주 발생한다. 이 때문에 Implicit FEM처럼 평형상태를 구하기 위한 수렴계산이 필요없는 Explicit의 이점을 살려 준정적 문제에서도 Explicit 소프트웨어를 적용하여 다양한 실적을 올리고 있다.

최근에는 해일 같은 자연재해나 철도 차량의 충돌로 인한 구조물의 충격, 항공기나 차량을 이용한 테러리스트의 구조물 공격 시뮬레이션 등 콘크리트와 지반을 포함하는 대형 구조물의 충격응답 해석에 Explicit 소프트웨어가 이용되는 등 그 응용 분야는 광범위하다. 이와 같은 동적 Explicit을 이용한 충격문제의 응용에 관하여 과거 30여 년 동안 다양한 해석기술이 개발되었다. 공유충격 해석 소프트웨어로 개발된 DYNA3D 와 후속작인 LS-DYNA에서 알 수 있듯, 충격문제에 적합한 해석기술을 축적하여 실용적인 Explicit 소프트웨어를 개발하는 데 성공했다.

이번 장에서는 수치계산 시 발생하는 불안정성과 계산정밀도의 저하를 극복하고 실현상을 실용적인 시간 내에 효율적으로 시뮬레이션하기 위한 해석기술 몇 가지를 예로 들어 실제 제품개발의 CAE 해석에 어떻게 기여하는지 소개하고자 한다. 또한 유체구조 연성문제를 포함한 최근의 흥미로운 연구과제에 대해서도 소개하겠다. 또한 시판되고 있는 Explicit 소프트웨어의 최신기능과 응용 사례에 대해서도 알아보자.

10.2 해석기법을 실용문제에 적용하기

10.2.1 인공점성

동적 Explicit은 적절한 시간 간격으로 시간에 대해 이산화하여 고체 내부의 응력파 전파를 추적하게 된다. 매질속도가 저속이라도 응력파 속도는 강철의 경우 약 5000m/s에 달한다. 다른 물체와의 충돌면에서 급격히 일어난 응력파는 일종의 충격파로 간주할 수 있다. 충격파의 전파는 압력의 불연속면(충격파면)이 이동하는 현상인데 수치계산으로 충격파를 취급할 때는 특별한 방법이 필요하다. 유한차분법^{FDM}이나 유한요소법^{FEM}으로 연속체를 모델화할 경우 한 개의 요소 내부에서 불연속면을 나타낼 수 없기 때문에 수치적인 진동(수치 노이즈)이 발생하다. 이를 회피하기 위한 수단으로서 FEM을 이용한 충격 해석 시에도 1950년대에 충격파 전파 문제의 해석을 위해 개발된 인공점성이 이용된다. 인공점성이란 계산된 압력파에 인공적인 압력항을 부가하는 기법이다. 고체를 대상으로 한 동적 Explicit FEM 계산에서 압력항은 응력성분의 평균응력항(정수압항)에 작용한다.

그림 10.1은 인공점성의 개념도이다. Explicit을 이용한 충격 해석에서는 고체 내부에 응력파의 전파가 발생하므로 변형률속도의 함수로 정의되는 압력항이 부가된다. 인공점성으로 여러 타입이 제안되는데, Explicit FEM에서 자주 이용되는 방법은 von Neumann–Richtmyer[2]의 2차 점성항과 Landshoff[3]의 1차 점성항이며, 일반적으로는 이 두 가지를 조합해 사용한다.

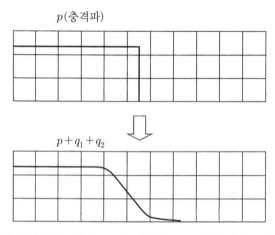

그림 10.1 불연속적인 충격파면에 1·2차 점성항 q_1, q_2를 부가하여 압력분포를 연속적으로 취급할 수 있다.

2차 점성항은 포탄의 충돌처럼 매질속도(계산상으로는 변형률속도 텐서의 대각성분으로 대용)가 응력파 속도보다 큰 경우에 효과적이며 1차 점성항은 반대로 자동차 충돌처럼 매질속도가 응력파 속도보다 작은 경우에 효과적이다.[4] 그림 10.2는 인공점성의 효과를 나타낸 그래프이다. 이 사례에서는 비교적 저속한 현상에 적용되는 1차 점성항에 의한 감쇄 효과가 나타났다.

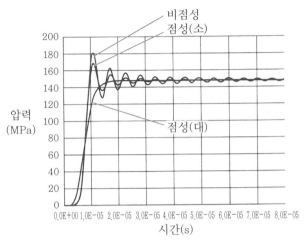

그림 10.2 수치 노이즈를 저감하는 인공점성 효과

인공점성 기법은 지금까지 3차원의 응력파(FEM 해석으로 고체요소 내부에서 발생한 응력파)의 안정적 계산에서만 사용되어 2차원적인 응력파(FEM 해석으로 셸shell 요소 내부에서 발생한 응력파)의 전파에는 필요하지 않았다. 그러나 최근 자동차의 강도부재로 고장력강판이 많이 사용되면서 충돌 시뮬레이션에서 기존에 볼 수 없었던 문제가 발생했다.

그림 10.3(a)는 자동차의 충격흡수부재에서 발생한 응력분포인데, 부자연스러운 응력의 강약이 주기적으로 발생하고 있다. 이러한 응력의 분포는 checker-bording 패턴이라고 불린다. 이는 고장력강판의 특성으로 인해 매우 큰 탄성파가 발생하며 소성에 의한 에너지 산일이 일어나지 않기 때문에 충격파에 의한 진동이 표면화한 것으로 추측된다. 셸 요소에 인공점성을 작용시킨 결과, 그림 10.3(b)와 같이 부자연스러운 응력분포 발생을 제어할 수 있게 되었다.

(a) 인공점성을 적용하지 않았을 때: 불연속적인 응력분포

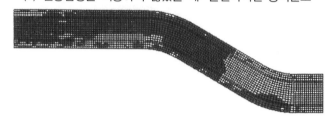

(b) 인공점성을 적용했을 때: 연속적인 응력분포

그림 10.3 충돌해석에서 발생한 충격흡수부재(고장력강)의 응력분포

이와 같이 인공점성을 취급하는 일은 충격해석의 해의 신뢰성을 유지하는 데 중요하다.

10.2.2 모래시계 제어

계산시간의 고속화나 요소의 블로킹 회피를 목적으로 한 FEM 충격해석에서는 차수저감 적분 요소가 사용되는 경우가 많다. 차수저감 적분 요소를 이용하면 다변형 문제의 해를 정밀하게 구할 수 있으나, 차수저감 적분 요소 이용 시 주의해야 할 점은 모래시계 모드 또는 제로에너지 모드라고 불리는 요소강성이 결핍된 변형 모드를 포함하고 있다는 것이다. 그 예시로 그림 10.4에 2차원 요소의 변형 모드를 제시했다. 요소 중심의 1점 적분요소의 경우, 그림 (d)와 (g)가 모래시계 모드에 해당하는 고유 모드가 된다. 모래시계 모드는 집중하중이 작용했을 때 쉽게 발생한다.

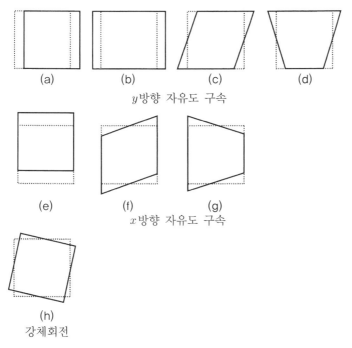

(a) (b) (c) (d)

y방향 자유도 구속

(e) (f) (g)

x방향 자유도 구속

(h)

강체회전

그림 10.4 2차원 요소(8자유도)의 고유 모드

그림 10.5는 양단이 지지된 보의 중심에 집중하중이 작용했을 때의 모래시계 변형을 나타낸 그림이다.

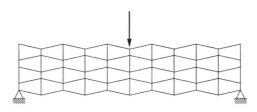

그림 10.5 양단 지지 보에 집중하중이 작용했을 때 발생한 모래시계 모드

이러한 모래시계 모드를 회피하기 위해서는 차수저감 적분요소에 모래시계 변형안정화 기능을 추가할 필요가 있다. 이 기능은 모래시계 제어라고도 불린다. 모래시계 제어 기법으로 몇 가지 방법이 제안되었는데, 이 중 Hallquist의 점성형 모래시계 제어[5]는 예를 들어 그림 10.4(d)의 변형에

대해 다음 식으로 정의되는 모래시계 저항력을 발생시킴으로써 모래시계 변형을 억제하는 기능을 갖는다.

$$f_i = a \left(\dot{x}_i^T \Gamma_i \right) \Gamma_i, \quad i = 1, \ 2, \ 3, \ 4$$

$$\Gamma_i = \begin{bmatrix} 1 \\ -1 \\ 1 \\ -1 \end{bmatrix} \tag{10.1}$$

이때 $\dot{x}$는 절점 i의 x방향 속도이며 Γ_i는 모래시계 기저 벡터, a는 재료 정수와 요소 크기로 결정되는 정수이다. 식(10.1)의 내부 부피는 다음과 같이 되므로,

$$\left(\dot{x}_i^T \Gamma_i \right) = \left(\dot{x}_1 \quad \dot{x}_2 \quad \dot{x}_3 \quad \dot{x}_4 \right) \begin{bmatrix} 1 \\ -1 \\ 1 \\ -1 \end{bmatrix} = \dot{x}_1 - \dot{x}_2 + \dot{x}_3 - \dot{x}_4 \tag{10.2}$$

그림 10.4(d)(모래시계 변형)일 경우에만 $f_i \neq 0$이 되고, (a), (b), (c)인 경우에는 $f_i = 0$, 즉 모래시계 저항력은 작용하지 않다는 사실을 쉽게 확인할 수 있다. 점성형이라 불리는 이유는 모래시계 저항력이 절점속도에 비례하기 때문이다. Hallquist의 점성형 모래시계 제어는 간단하고 매우 고속이기 때문에 차수저감 적분요소의 이점을 충분히 살릴 수 있지만 결점도 있다. 요소의 서로 마주한 면 또는 변이 평행하다면(직방체 또는 직사각형) 문제가 없으나 평행하지 않은 경우에는 요소가 강체회전할 때 강체회전을 억제하게 된다. 즉 Hallquist의 방법은 강체회전에 대해 직교하지 않는다. 이 때문에 일반적으로 구조체가 크게 회전하는 문제에는 적용할 수 없다. 이러한 결점을 극복하기 위한 기법으로 Flanagan–Belytscho

방법[6]이 제안되었다. 이 방법은 요소 내부의 절점속도 분포를 이용해 변형속도 계산에 기여하며 물리적으로도 의미가 있는 절점속도 성분을 제거하여 모래시계 변형을 발생시키는 속도성분만을 추출한다는 발상에 근거를 두고 있다. 즉,

$$\dot{x}_i^{HG} = \dot{x}_i - \dot{x}_i^{LIN}$$

$$\dot{x}_i^{LIN} = \dot{\bar{x}}_i + \frac{\partial \dot{\bar{x}}_i}{\partial y_i}(y_j - \bar{y}_j)$$

$$(10.3)$$

이때 $\dot{\bar{x}}_i$과 $\bar{y}_i$는 각각 요소의 x방향 평균속도, 요소 중심의 y좌표이다. 차수저감 적분요소에서는 1차 형상함수를 이용한다는 점에 주의하기 바란다.

10.2.3 요소의 개발

Explicit FEM을 이용한 충격해석 시에는 계산시간을 단축하기 위해 최대한 계산 효율이 좋은 요소가 요구된다. 1980년대 중반에 개발된 Belytschko-Tsay(BT) 셸요소[7]는 이러한 요소 중 하나이다. Mindlin-Reisner의 셸이론에 의거해 Explicit FEM용으로 개발된 이 셸요소[8], [9]는 기존에 주로 이용되던 continuum based Hughes-Liu(HL) 셸요소에 비해 2.5배 정도로 고속계산이 가능하기 때문에 LS-DYNA를 비롯한 Explicit 소프트에 장착되어 널리 이용되었다. 그러나 90년대 후반에 자동차 충돌 시뮬레이션에서 정밀도 향상이 요구되기 시작하자 BT 요소의 문제점이 드러났다. BT 요소는 변형속도 계산을 고속화하기 위해 요소 형상을 평면이라고 가정한다. 따라서 면내 변형속도 성분은 다음 식으로 주어진다.

$$\hat{d}_x = \sum_{I=1}^{4} \left(B_{xI} \hat{v}_{xI} + \hat{z} B_{xI} \hat{\theta}_{yI} \right) \tag{10.4a}$$

$$\hat{d}_y = \sum_{I=1}^{4} \left(B_{yI} \hat{v}_{yI} - \hat{z} B_{yI} \hat{\theta}_{xI} \right) \tag{10.4b}$$

$$\hat{d}_{xy} = \frac{1}{2} \sum_{I=1}^{4} \left\{ B_{yI} \hat{v}_{xI} + B_{xI} \hat{v}_{yI} + \hat{z} \left(B_{yI} \hat{\theta}_{yI} - B_{xI} \hat{\theta}_{xI} \right) \right\} \tag{10.4c}$$

이때 $B_{\alpha I}$는 요소의 변형률-변위 매트릭스, $\widehat{v_{\alpha I}}$는 절점 병진속도, $\widehat{\theta_{\alpha I}}$는 절점 회전속도, $\hat{z}$는 판두께 방향 좌표이다. 만일 요소가 뒤틀린 형상이라 하더라도 식(10.3)에는 요소의 비틀림에 관한 정보가 전혀 반영되어 있지 않다. 따라서 비틀림 변형에 대한 강성이 지나치게 약하고, 변형량이 과대평가된다. 이 문제가 잘 나타난 사례 중 하나로 자동차의 측면충돌 시뮬레이션을 들 수 있다. 실제 실험보다 시뮬레이션 결과가 B필러(앞뒷문 사이에 있는 지주)의 차체 내측으로 관입량이 커지는 현상이 관찰됐다(그림 10.6).

(a) 충격체의 B필러 차체측면 모델

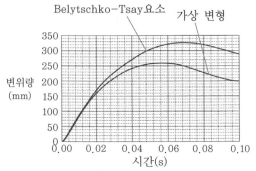

(b) B필러 차내관입 변형량 비교 변형형상

그림 10.6 충격체 충돌 시 B필러의 변위

이 문제를 극복하기 위해 Bathe-Dvorkin에 기반한 가상 변형률Assumed Strain, AS 셸요소[10]를 적용했는데 시뮬레이션 결과와 실험 결과가 일치함을 확인했다. 이는 그림 10.7의 A, B, C, D 위치에서의 가상면외 전단 변형률의 계산과 판두께방향 벡터갱신에 셸요소 뒤틀림이 고려되어 비틀림 요소의 정확도가 향상되었다고 볼 수 있다. AS 요소는 1985년에 개발되어 1990년대에 Explicit 소프트웨어에 장착되었다. 당초 목표는 프레스성형 시뮬레이션의 고정밀도화였지만 충돌 시뮬레이션에서도 각 요소의 신뢰성이 입증되어 현재는 자동차 충돌 시뮬레이션에서 중요 부재의 모델화에 AS 셸요소가 이용되는 경우가 많다.

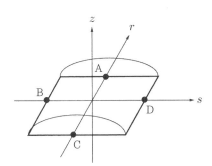

$$\gamma_{rz} = \frac{1}{2}(1+s)\gamma_{rz}^A + \frac{1}{2}(1-s)\gamma_{rz}^C$$
$$= \frac{1}{2}(1+s)\left[\frac{w_1-w_2}{2}+\frac{\theta_{1y}+\theta_{2y}}{2}\right]+\frac{1}{2}(1-s)\left[\frac{w_4-w_3}{2}+\frac{\theta_{4y}+\theta_{3y}}{2}\right]$$
$$\gamma_{sz} = \frac{1}{2}(1+r)\gamma_{sz}^D + \frac{1}{2}(1-r)\gamma_{sz}^B$$
$$= \frac{1}{2}(1+r)\left[\frac{w_1-w_4}{2}-\frac{\theta_{1y}+\theta_{4y}}{2}\right]+\frac{1}{2}(1-r)\left[\frac{w_2-w_3}{2}-\frac{\theta_{2y}+\theta_{3y}}{2}\right]$$

그림 10.7 가상 변형률 요소에 의한 면외 전단 왜곡률의 계산

단, BT 요소에 비해 계산 시간이 2.5~3배 정도 소요되기 때문에 실무에서는 병렬계산과 병용해야 한다. 시뮬레이션의 정밀도 향상이 더욱 요구되고 있는 가운데 앞으로도 계산 효율과 계산 정밀도를 모두 만족하는 요소가 지속적으로 개발될 것이다.

10.3 제품개발 분야에서의 최근 응용사례

현재 자동차회사에서 신형차를 개발할 때 충돌안전 법규를 승인을 받기 위해 시뮬레이션을 통한 설계와 실험 확인이 설계 개발 분야의 여러 국면에서 활용되고 있다. 그림 10.8은 보행자의 충돌안전법규를 만족시키기 위해 실시된 보행자 머리 상해 평가 시뮬레이션이다. 법규에서는 사람의 머리를 본뜬 충격체를 사용해 보닛과 주변에 35km/h로 충돌시켜 식(10.4)의 머리 상해 기준HIC: Head Injury Criteria이 기준을 충족해야 한다.

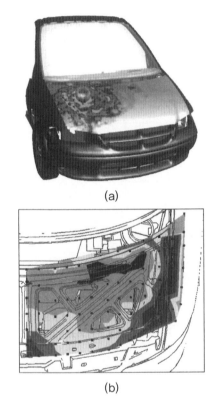

(a)

(b)

그림 10.8 보행자 머리 충격 시뮬레이션과 보닛 주변의 HIC 분포

$$HIC = \max\left[\left(\frac{1}{t_2 - t_1}\int_{t_1}^{t_2} a\,dt\right)^{2.5} \cdot (t_2 - t_1)\right] \tag{10.5}$$

이때 $t_2 - t_1$는 충돌 발생 시의 가속도이력 내의 시간창이며 a는 시간창 내의 평균 합성가속도이다. 안전기준을 만족시키려면 보닛의 충격흡수 메커니즘, 엔진블록과의 거리 등 수많은 설계 요구를 충족해야 하며 FEM을 이용한 시뮬레이션 없이는 안전기준에 적합한 설계가 어려워진다.

일본에서 철도는 자동차와 함께 가장 친근한 운송 기관 중 하나이다. 철도 이용률은 세계적으로도 매우 높은 수준이며, 교통기관의 경쟁 심화, 노선 길이 단축을 위한 급커브 이용, 열차의 고속화, 운행 계획의 과밀화가 진행되고 있다. 게다가 도시에서는 철도노선 인접지역에 수많은 건물이 밀집해 있다. 이는 열차가 철로에 인접한 건축물과 충돌했던 2005년 4월 25일 후쿠치야마선 탈선사고의 요인이 되었다. 따라서 이러한 사고를 방지하기 위한 대책이 요구되고 있다. 사고 후 후쿠치야마 사고를 재현하는 시뮬레이션이 수많은 연구기관에서 실시되었는데, 그중 Explicit FEM을 이용한 사례가 그림 10.9이다.[11]

그림 10.9 열차 구조물의 충돌 시뮬레이션

차체의 변형모드는 실제 사고에서 일어난 차체의 파손상황을 그대로 재현했다. 열차의 충돌 안전에 대해서는 과거에는 선로 위의 정면충돌밖에 상정되지 않았다. 열차는 구조상 측면 충돌에 매우 취약해 한번 이러한 충돌이 발생하면 실제 사고나 시뮬레이션에서 볼 수 있듯 승객의 생존 공간을 확보하기가 지극히 어려워진다. 따라서 고속으로 급커브에 진입할 때 쉽게 탈선하지 않는 바퀴·대차 설계나 선로 밖으로 차체가 튕겨나가는 것을 방지하는 선로 옆 방호책의 검토가 중요해졌으며, 이러한 안전대책에 시뮬레이션이 활용될 전망이다.

건물에 항공기가 충돌하는 사고는 지금까지 발생 확률이 희박한 사고라고 예상된다. 따라서 일본에서 일어날 가능성이 있는 대형 사고로서 원자력 발전소에 항공기가 추락하는 상황 등이 일각에서 논의된 적이 있지만, 전체적으로 이러한 사고 예상은 활발히 이루어지지 않았었다. 그러나 2001년 9월 11일 미국 대폭발테러사건 이후 건물에 항공기가 충돌하는 사고는 일본에서도 진지하게 다루어야 할 과제로 부상했다.

그림 10.10은 PWR(가압수형) 원자로 건물에 항공기 Boeing 777-300(중량 230ton)가 충돌하는 상황을 시뮬레이션으로 나타낸 것이다. 원자로 건물은 두께 800mm의 RC 고강도 콘크리트로 만들어진 외부 차폐벽으로 모델화되었으며, 내부에는 강철제 격납용기가 들어있는 구조이다. 이 시뮬레이션에서는 항공기가 486km/h로 충돌한다고 상정했다. 시뮬레이션 결과, 외부 차폐벽을 관통해 내부 격납용기를 크게 변형시킬 것으로 예측되었다. 향후 주요 구조물을 설계할 때 이러한 시뮬레이션이 요구될 것으로 예상된다. 연료를 포함한 항공기 및 구조물의 정밀한 모델화가 필요하게 되는데 Explicit FEM에서는 ALE법이나 입자법으로 비교적 쉽게 유체구조 상호작용을 취급할 수 있으므로 이러한 기능이 도움이 될 것으로 예상된다.

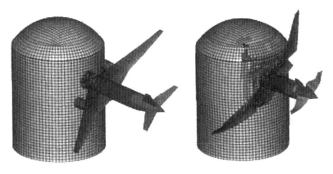

그림 10.10 PWR(가압수형) 원자로 건물 비행기 충돌 시뮬레이션

10.4 새로운 해석기술

Explicit FEM을 기본으로 하는 상용 소프트웨어는 실용성이 높기 때문에 제조산업에서 CAE의 핵심 소프트웨어 중 하나로 그 중요성이 강조되고 있다. 서론에서 기술한 바와 같이 다양한 분야에서 이용되고 있기 때문에 이용자의 다양한 요구에 더욱 부응하기 위해 새로운 해석기능이 추가되고 있다. 추가로 LS-DYNA에 설치된 새로운 기능 몇 가지를 소개하겠다. Explicit 시뮬레이션으로 현실에서 일어나는 일을 재현하고자 하는 요구가 각 분야에서 증가하고 있다. 현재 자동차 개발 분야에서 가장 큰 과제는 법규로 정해진 정면충돌, 측면충돌과 같은 규격화된 충돌형태가 아닌 실제 도로에서 발생하는 차체거동을 재현하는 일이다. 이러한 현실적인 주행 시뮬레이션을 통해 조종 안정성, 피로 내구성, 승차감 등 실용성이 높은 평가가 가능해진다. 또한 승용차나 트럭처럼 강성과 사이즈가 다른 차량끼리의 충돌 안전성에 대한 검토도 이루어지고 있다. 그림 10.11은 실제 충돌형태와 동일하도록 차체거동을 고려한 충돌시뮬레이션이다.

그림 10.11 스티어링(충돌회피) 조작을 수반한 오프셋 충돌 시뮬레이션

실제 충돌에서는 운전자가 충돌 직전에 핸들을 조작해서 충돌을 피하려고 하면서 오프셋 충돌이 일어난다. 이 때문에 차체도 수평 상태가 아닌 기울어진 상태에서 충돌하게 된다. 예시에서는 55km/h로 주행하던 차량이 핸들 조작으로 인해 진행방향이 변경되어 40% 오프셋 충돌할 것으로 예상하고 이를 토대로 실험을 진행했다. 핸들조작은 시간함수로 부여된다. Explicit 시간스텝은 Courant-Friedrichs-Lewy 조건에 의거해 다음 식으로 주어진다.

$$\Delta t < \frac{l_{\min}}{c} \qquad (10.6)$$

여기에 c는 응력파속도, l_{min}은 모델 내의 최소요소장이다. 이 식에 의하면 자동차 시뮬레이션에서 시간스텝은 $0.1{\sim}1.0\mu s$의 승수가 된다. 주행 시뮬레이션은 단순한 충돌 이벤트에 비해 장시간의 운동을 풀어야 하기 때문에 스텝 수가 수백만 개 정도 된다. 따라서 계산 정밀도를 유지하기 위해서는 정밀도의 계산이 필수이며, 실용적인 시간 내에 결과를 얻으려면 병렬 계산을 해야 한다.

이어서 Arbitrary Lagrangian Eulerian[ALE]에 의한 유체구조 연성기능을 소개하고자 한다. 안전장치인 에어백 전개 시뮬레이션은 그 자체로 큰 해석 주제가 된다. 에어백이 효과적으로 작동하기 위해서는 충돌 후 전개되기까지의 시간이 매우 중요하다. 시뮬레이션을 통해 격납된 에어백이 전개될 때까지의 거동을 정확하게 추적하기 위해서는 대기압을 고려하면서 에어백 내의 인플레이터에서 나오는 가스의 흐름을 정확하게 파악해야 한다. 따라서 ALE를 통한 유체(가스)와 구조(에어백)의 연성해석이 필요하다. 그림 10.12는 에어백 전개를 포함하는 충돌 시뮬레이션의 예이다. 에어백 주변에 ALE 메쉬가 정의되어 인플레이터가 발화되면 가스는 ALE 메쉬 내부에 확산된다. 그리고 에어백이 전개되어 더미와 접촉하는 과정이 시뮬레이트되어 있다.

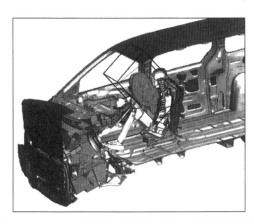

그림 10.12 ALE 에어백을 이용한 충돌 시뮬레이션(단면)

ALE 메쉬는 차체이동에 의해 공간이동한다. 이러한 시뮬레이션을 통해 충격센서의 최적 위치, 전개 타이밍, 다양한 착석 자세에 따른 에어백의 효과를 확인할 수 있다. 공학 문제에서 최신 해석 기법을 응용한 예로 메쉬 프리법의 일종인 Adaptive EFG법의 설치를 들 수 있다. EFG는 해석 영역 내에 입자를 배치하고 입자 주변에 반지름 a의 커널함수 $w_a(x-x_I)$ 를 정의한다. 일반적으로 커널 함수에는 3차 스플라인 함수를 채용한다. 변위나 응력장의 근사 차수가 FEM보다 높기 때문에 FEM에 비해 대변형 을 추종할 수 있으며 에러를 회피할 수 있는 경우가 많다. 그러나 과도한 대변형 문제에서는 EFG로도 추종할 수 없기 때문에 수치오류를 일으켜 계산이 중단될 수 있다. 이 때문에 최근 연구되어 설치된 것이 바로 어댑 티브 EFG이다. 이는 재료변형을 수반하며 백그라운드 메쉬를 재구축해서 입자를 재배치하는 방법이다. 그림 10.13은 어댑티브 EFG의 개념도이 다.[13] 커널 함수 갱신에는 ALE 개념이 도입되었다. 어댑티브 EFG를 사용 한 실용적인 예로서 그림 10.14에 후방압출 단조 시뮬레이션을 제시한다.

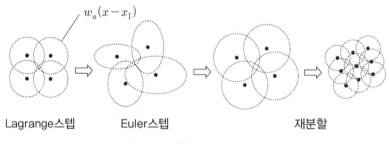

Lagrange스텝　　　　Euler스텝　　　　재분할

그림 10.13 어댑티브 EFG 개념도

메쉬 프리법은 FEM으로 커버할 수 없는 소성가공문제나 폼재와 같은 연성재료 충격해석에 도움이 될 것으로 기대된다. 지금까지의 메쉬 프리 법은 계산 비용이 일반 FEM의 수 배에서 수십 배까지 드는 것이 문제점 이었으나 최근의 상용 소프트웨어 중에는 영역적분이나 기본 경계 조건의 부여 방법을 연구하여 FEM과 거의 동등한 계산시간을 실현하는 적정 용례도 눈에 띄기 시작했기 때문에[14] 향후 충격문제에서 메쉬 프리법의 역할은 더욱 중요해지리라 예상된다.

그림 10.14 어댑티브 EFG를 사용한 후방 압출성형 시뮬레이션

10.5 마치며

이번 장에서는 충격 문제가 실용적으로 응용되고 있는 대표적인 사례인 자동차 충돌 시뮬레이션을 중심으로 실무에서 발견되는 수치불안정성을 해소하고 신뢰성 있는 해를 얻기 위한 수치해석 기법을 소개했다. 또한 열차 충돌, 항공기 충돌의 응용 사례와 비교적 새롭게 개발된 해석방법에 대해서도 소개했다. 동적 Explicit FEM에서 취급하는 문제 해석 조건은 점점 복잡해지고 있으며, 제품 설계 분야에서는 시뮬레이션을 통해 보다 상세한 정보를 얻어야 한 필요성이 요구되고 있기 때문에 해석모델의 대규모화가 불가피하다. 앞으로는 모델 규모로 수백만 요소, 해석 내용으로 열, 유체, 구조, 전자장, 동적문제, 정적문제 등을 복합적으로 취급하는 멀티피직스 해석이 상용될 것으로 예상된다.

▌참고문헌

[1] 今木敏雄 : 衝撃問題と数値計算法, 第4回衝撃フォーラム (2005)

[2] J. von Neumann and R. Richtmyer : J. Appl. Phys., **21** (1950), 232－237

[3] R. Landshoff : Numerical Method for Treating Fluid Flow in the Presence of Shocks, Los Alamos National Laboratory report, LA－1930 (1955)

[4] W. F. Noh : Numerical Methods in Hydrodynamic Calculations, Lawrence Livermore National Laboratory, Rept. UCID－52112 (1976)

[5] J. O. Hallquist : DYNA3D COURSE NOTES, Lawrence Livermore National Laboratory, Rept. UCID－19899, Rev. 2 (1987), 37－46

[6] D. P. Flanagan and T. Belytschko : A Uniform Strain Hexahedron and Quadrilateral with Orthogonal Hourglass Control, Int. J. Numer. Meths. Eng., 17 (1981), 679－706

[7] T. Belytschko and C.S. Tsay : Explicit Algorithms for Nonlinear Dynamics of Shells, Comp. Meth. Appl. Mech. Eng., **43** (1984), 251－276

[8] T. J. R. Hughes and W.K. Liu : Nonlinear Finite Element Analysis of Shells : Part I. Three Dimensional Shells, Comp. Meths. Appl. Mechs., **27** (1981), 331－362

[9] T. J. R. Hughes and W.K. Liu : Nonlinear Finite Element Analysis of Shells : Part II. Two Dimensional Shells, Comp. Meths. Appl. Mechs., **27** (1981), 167－181

[10] K.-J. Bathe and E. N. Dvorkin: A Four Node Plate Bending Element Based on Mindlin-Reissner Plate Theory and a Mixed Interpolation, Int. J. Num. Meth, Eng., **21** (1985), 367－383

[11] A. Belfield, C. Fell and T. Armitage : Railway Vehicle Crashworthiness: A Review of system performance from LS-DYNA simulations of real-life impact scenarios, CD－ROM HELS-DYNA Users Conference 2005 講演論文集 (2005)

[12] 丹羽一邦 : 鋼板コンクリート板の飛翔体による破壊強度解析, LS-DYNA Users Conference 2006 講演論文集, 日本総研ソリューションズ (2006)

[13] H. S. Lu and C. T. Wu: A Grid-based Adaptive Scheme for the Three Dimensional Forging and Extrusion Problems with the EFG Method, 9th International LS-DYNA Conference, Livermore Software Technology Corporation (2006)

[14] C. T. Wu, Y. Guo, J. X. Xu and H. S. Lu : LS-DYNA Meshfree Method in Solids and Structures : Current, Future and Its Industrial Applications, LS-DYNA Users Conference 2008 講演論文集, 日本総研ソリューションズ (2008), p. 15. 1－15. 14

제11장

고속충돌현상의 수치해석

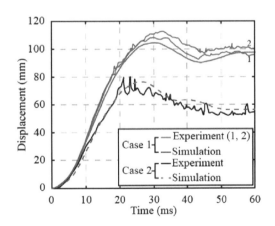

| 앞의 그림

철근 간격이 101.6mm인 철근 콘크리트 슬래브에 폭발 하중이 가해졌을 때의 시편 중앙의 시간
에 따른 변위 그래프

* Choo, B., Hwang. Y. K., Bolander. J. E., & Lim, Y. M. Failure Simulation of Reinforced Concrete
  Structures Subjected to High-loading Rates using Three-dimensional Rigid-Body-Spring-Networks
  International Journal of Impact Engineering, (submitted).

제11장

고속충돌현상의
수치해석

11.1 서 론

  고속충돌과 폭발문제 등과 같은 충격 문제를 대상으로 하는 고속충격 해석에 이용되는 계산(프로그램)을 영어로 hydro-code라고 한다. 이는 hydrodynamic code의 줄임말인데, 계산코드가 커버하는 해석영역은 유체역학뿐 아니라 기체와 고체의 거동까지 대상으로 삼는다. 또한 wave propagation code라고 부르기도 한다. 그러나 후자 역시 명확한 명칭이라고는 할 수 없으며 일반적이지도 않다. 이 명칭의 의미는 매질 내부에서 응력파와 충격파가 수차례 전파되는 동안 주요한 현상이 종료된다는 뜻이다. 일본에서는 일반적으로 충격해석코드라 일컫는다.

  충격해석코드는 1950년대에 개발된 HEMP 코드[1]에서 기원했다고 보는 시각이 통설이다. 이 코드는 미국 U.C. Berkeley의 Lawrence Radiation

Laboratory(현 Lawrence Livermore National Laboratory, LLNL)의 M. L. Wilkins[2]가 개발하기 시작했으며 코드명은 Hydrodynamic Elastic Magneto, and Plastic에서 유래했다. HEMP 코드는 2차원의 Lagrange 좌표계(11.2.3 참조) 유한차분법 코드인데, LLNL의 W. F. Noh가 제안한 표면적 분법을 채택해 수치적분해법을 단순하고 명쾌하게 다룬 점이 특징이다. 충격해석코드의 기원에 관해서는 다른 설도 있다. Zukas는 원래 wave propagation code라는 명칭을 지지했는데, 2004년 출판한 저서[3]에서 Los Alamos Scientific Laboratory(현 Los Alamos National Laboratory, LANL)의 Harlow의 PIC법[Particle-in-Cell[4]]이 그 근거라고 밝혔다. PIC법은 Euler 좌표계(11.2.3 참조)의 유한차분법 코드로, 유체적 거동만을 유일한 해석 대상으로 삼는다.

1960년대 미국 연구기관에서는 주로 군사적인 연구를 목적으로 다양한 충격해석코드를 개발했다. 1970년대에 들어서면서 유럽과 미국의 연구기관에서 원자력 분야의 안전 해석을 위해 유체-구조물의 상호작용을 의식한 충격해석코드를 개발했다. HEMP를 비롯한 기존의 수많은 충격해석코드가 유한차분법으로 정식화되었으나 1970년대 후반에 접어들자 HEMP의 정식화 방법을 유한요소법으로 확장시키려는 시도가 있었고, DYNA[5]와 같은 유한요소법 충격해석코드가 개발되었다. 이 시기에는 벡터형 슈퍼컴퓨터의 출현 시기와 겹치면서 계산처리능력 향상을 배경으로 한 코드의 3차원화도 활발해졌다.

1980년대에 들어서자 그동안 축적해온 기술적 성과를 최첨단 코드로 재구성하려는 움직임이 일어났고, 미국국립연구소의 연구를 토대로 AUTODYN[6]의 상용 충격해석코드가 개발되었다. 특히 1980년대에는 개인용 컴퓨터와 엔지니어링 워크스테이션이 보급되면서 컴퓨터 그래픽스와 대화형 컴퓨터의 이용 기술이 서로 어우러져, 기존의 뱃지처리(비대화형) 형식 계산기 프로그램 대신 대화형 가시화 프로그램이 출현하게 되었고, 작업 효율이 현저하게 향상되어 물리현상을 파악하는 작업이 쉬워졌다.

11.2 기초이론

11.2.1 연속체역학

1000m/s가 넘는 속도로 고체끼리 충돌한 경우 앞으로 설명하는 바와 같이 물질밀도와 음속의 영향도 받는데, 충돌압력이 GPa 이상이 되어 거의 모든 물질의 Hugoniot 탄성한계를 뛰어넘기 때문에 고체물질의 유체근사가 타당성을 띠게 된다. 또한 충돌속도가 상승해 7km/s 부근에서는 수많은 연성 재료에 부분 기화가 발생한다. 이처럼 고속충돌문제는 고체와 유체가 혼재하는 복잡한 현상이다. 한편 폭발문제 역시 초기에 고체나 액체 상태인 폭약은 연소 후 대부분 기체가 되어 주위의 다양한 상태의 물질과 상호작용을 한다. 이러한 현상은 기체 폭발 후의 거동에서도 비슷하게 관찰된다.

이와 같이 고속충돌과 폭발문제에서 상변화 그리고 유체와 고체의 상호작용이 현상 전체에 영향을 미치므로 물질 3상을 공통적으로 취급할 수 있는 연속체역학을 토대로 하여 정식화를 진행하는 것이 바람직하다.

11.2.2 기본 방정식

고체와 유체의 본질적인 차이는 응력과 변형의 편차성분 유무에 있다. 바꿔 말하면 다음에 기술하는 구성 법칙이 어느 정도 타당한지에 달렸다. 연속체역학에서는 고체와 유체 모두 동일하게 3가지 기본식, 1) 연속식 2) 운동 방정식 3) 에너지 식을 이용하여 풀 수 있다. 이 식은 각각 질량 보존의 법칙, 운동량 보존의 법칙, 에너지 보존의 법칙에 해당한다. 이 중 운동 방정식만 벡터 방정식인데, 공간을 1~3차원 중 어느 것으로 가정하더라도 스칼라 방정식의 수에 비해 변수의 수가 1개 더 많다. 그러나 기본식에 포함된 3가지 상태변수를 이용해 연속체물질의 특성을 규정하는 상태 방정식(이하 EOS)을 연립시키면 풀리게 된다.

열역학 이론에 따르면 열역학적 상태량을 다수 정의할 수 있겠지만, 독립적으로 변화하는 상태량은 2가지뿐이다. 일반적으로 충격문제의 수치해석법은 밀도와 비내부 에너지를 독립변수로, 압력을 종속변수로 하는 상태 방정식이 채용된다. 이 때문에 고체물질도 정수압력 p을 주응력 성분의 평균값 $p = -1/3(\sigma_1 + \sigma_2 + \sigma_3)$으로 정의하고, 전응력 성분을 편차 성분과 정수압 성분의 합으로 계산하여 고체 재료에서도 압력을 응력에 반영시킬 수 있다. 특히 충격력이 큰 문제에서는 편차성분에 비해 정수압 성분의 비중이 높기 때문에 유체적 거동을 보인다.

11.2.3 Lagrange와 Euler 방법

충격해석코드에서는 연속체역학에 근거하여 질량·운동량·에너지 보존의 법칙을 나타내는 기본식과 물질의 열역학적 특성을 규정하는 상태 방정식을 동시에 고려한다. 고체의 경우 물질의 강도를 규정하는 구성 관계법칙도 연립하여 고려한다. 이러한 방정식 계열은 쌍곡형 2단 편미분 방정식이 되는데, 기본식을 만드는 방법으로는 공간좌표를 시간함수로 기술하여 마치 좌표계상에서 물리량이 이동하는 것처럼 취급하는 Lagrange의 방법과 물리량을 공간좌표와 시간함수로 표현하는 Euler의 방법이 알려져 있다. 이 방법들을 이산화한 후 모식도로 나타낸 것이 그림 11.1이다. Lagrange의 방법은 물질 변형과 함께 좌표계도 변화하는 반면, Euler의 방법은 좌표계는 공간에 고정된다. 이 때문에 전자를 물

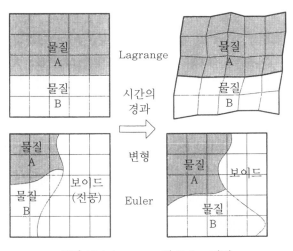

그림 11.1 Lagrange와 Euler 방법

질표시, 후자를 공간표시라고도 부른다.

이 두 방법을 비교해보면 Lagrange의 방법은 변형이 두드러질 경우 계산 요소에 찌그러짐이나 중첩이 발생할 우려가 있는 반면, Euler의 방법은 계산 요소 자체가 변형되는 일이 없기 때문에 어떤 변형에도 대응할 수 있다. 그러나 Euler의 방법을 자세히 검토해보면 Lagrange의 방법에 비해 1) 물질의 경계가 불명확하고, 2) 처리시간과 기억용량이 많이 소요되며, 3) 이류(계산요소 간의 물질이동) 계산에 의한 수치오차가 발생하고, 4) 물질의 이력을 알 수 없게 된다는 결점이 있다. 이와 같이 두 방법은 장단점을 고려했을 때 쉽게 우열을 가리기가 어려우며, 문제에 따라 적절한 방법을 선택하는 것이 바람직하다.

일반적으로는 고체는 Lagrange의 방법, 유체는 Euler의 방법이 적합하다고 알려져 있지만, 초고속충돌과 같은 Hugoniot 탄성한계를 뛰어넘는 현상에서는 고체가 유체적인 거동을 보인다. 이렇듯 문제에 따라 반대 경우도 있으므로(그림 11.13 참조) 적용 시에는 다양한 요인을 고려한 종합적인 판단이 필요하다. 충돌현상이나 폭발현상에서는 물질 간 상호작용이 문제가 되므로 Lagrange의 방법은 계산요소 표면을 통한 상호작용 계산, Euler의 방법은 1개의 계산요소 중 여러 물질을 고려할 수 있는 "multiple material"(다성분 물질) 계산의 기능을 갖추는 것이 필수 조건이다. 이밖에 Lagrange와 Euler의 중간 방법으로 알려진 ALE[7]Arbitrary Lagrangian Eulerian 법이나 연속체역학을 토대로 한 입자법인 SPH[8]Smoothed Particle Hydrodynamics 법도 문제에 따라서는 매우 효과적인 방법이 될 수 있다.

11.2.4 재료모델

연속체역학은 기체·액체·고체의 상태를 동일하게 취급 가능하도록 만들어진 학문이다. 이에 반해 단위면적당 작용하는 힘을 나타내는 물리량은 유체역학에서는 압력, 고체역학에서는 응력으로 사용된다. 두 종류의 물리량을 서로 연관시켜 역학을 일관되게 기술할 수 있게 되었다. 실제로 압력 : p가 주응력성분 : σ_i의 평균값 : $\sigma_0 = (1/3)(\sigma_1 + \sigma_2 + \sigma_3)$과 $p = -\sigma_0$가 되는 관계라고 가정하면 전응력 텐서, 편차응력 텐서 및 압력 사이에는 Kronecker의 델타 δ_{ij}를 이용하여 $\sigma_{ij} = s_{ij} - p\delta_{ij}$ 관계가 성립한다. 이처럼 유체는 편차응력성분이 모두 0이 되므로 고체와 동일하게 취급할 수 있으며, 반대로 고체에도 압력을 도입하면 통계 열역학과 관련지을 수 있게 된다. 11.2.2절에서 설명한 바와 같이 3가지 기본식에 포함된 변수의 수와 방정식의 수를 비교하면, 공간을 나타내는 차원을 몇 차원으로 선택하든 변수의 수가 하나 많게 되고, 이는 풀 수 없다. 이 문제를 해결하기 위해 3가지 기본식에 더해 유체·고체 모두에는 압력 평가식인 상태방정식, 고체에는 편차응력성분의 평가식인 구성식을 연립하여 풀 수 있다.

열역학적 상태량 중에서 독립적으로 변화할 수 있는 것은 2개뿐이므로 임의의 2개를 독립변수로 삼고, 다른 하나의 임의상태량을 종속변수로 취해서 상태 방정식으로 나타낼 수 있지만, 일반적으로 충격해석코드에서는 압력을 종속 변수로, 밀도와 비율(단위질량당) 내부 에너지를 독립 변수로 삼아 $p = f(\rho, e_{int})$ 형태로 표현한다. 즉 3가지 기본식에는 매질의 특성 자체를 규정하는 조건은 포함되지 않으며, 이 3식에 상태방정식을 연립해야 비로소 해당 물리계의 해를 얻을 수 있다.

고체는 구성식과 연립해 푼다. 일반적으로 구성식은 $\sigma_{ij} = g(\epsilon_{ij}, \dot{\epsilon}_{uj}, e_{int},$ $T, \Phi, \cdots)$ 형태로 나타나며, 편차응력성분의 평가식이 된다. 우변의 변수 중 e_{int}는 비내부 에너지, T는 온도이며, Φ는 파괴현상을 모사하기 위한 손상함수이다. 이밖에 다양한 물리량을 고려할 수 있다. 이 변수들은 상태 방정식과 달리 완전한 독립이 아닌 매개변수이다. 구성식은 유체와 달리 방향에 따라 응력과 변형률 성분이 달라지는 고체의 응력−변형률 관계를 규정하기 위한 식이다.

상술한 바와 같이 물질 강도를 주목했을 때 유체(액체와 기체)와 고체라는 분류법이 중요하다. 한편 밀도 ρ, 음속 c의 연속체가 초속도 v_{imp}로 강벽에 충돌할 때 충돌면에 발생하는 충돌 압력은 운동량 보존의 법칙으로 $p_{imp} = \rho \cdot c \cdot v_{imp}$가 된다(충격파가 발생하는 문제에서 외란이 전파하는 위상 속도는 c대신 충격파속도 U_s로 바뀜). 이 식의 우변 연속체의 물성에 의존하는 양 $\rho \cdot c$, $\rho \cdot U_s$를 각각 음향임피던스, 충격임피던스라고 부르며, 압력에 대한 연속체의 감도를 나타내는 양으로 볼 수 있다. 충격 문제에서 압력은 가장 중요한 물리량이며, 평가대상물질의 밀도와 음속(엄밀하게는 위상속도)이 지배 인자이다. 이 때문에 밀도와 음속이 비교적 비슷한 값을 갖는 고체상과 액체상을 합쳐 응축상이라 칭하여 기체상과 구별한다. 충격 문제에서 유체와 고체의 구별 못지않게 응축상과 기체상의 구별이 중요하므로 주의해야 한다.

충격문제로 적용될 것으로 예상되는 파괴조건 목록을 표 11.1에 제시했다. 이 중 미시적 파괴조건은 일각에서 적용이 시도되고 있으나 현 시점에서는 유효성이 충분히 검증되지 않은 단계이다. 현재 실제로 적용되고 있는 파괴조건은 대부분 거시적 파괴조건인데, 순간파괴 모델과 시간의존형 파괴 모델로 분류할 수 있다. 순간파괴 모델은 일정 계산 시점의 계산요소의 물리량이 미리 설정한 한계값에 도달했을 때의 재료의 항복응력을 0으로, 이후의 편차성분을 평가하지 않고 유체와 동일한 상태가 된다고 가정한다. 고체의 종류에 따라 기준이 되는 물리량은 다르다. 예를 들어 연성 재료에는 상당 소성 변형률을, 취성 재료에는 상당 응력에 의한 파괴기준을 이용하는 경우가 많다. 표 11.1에서 음의 정수압에 의한 파괴조건은 다른 조건과 특징이 약간 다르다. 이는 스폴 파괴(콘크리트는 스캐빙이라고 부른다. 단, Rinehart가 처음으로 이 현상을 언급했을 때는 알루미늄에 대해서도 스캐빙이라는 용어를 사용하였으나, 그 후 스폴 또는 스폴링이라는 용어가 주류가 되었다[9])로 알려진 충격력 작용면의 반대편의 자유표면 부근에서 발생하는 박리형 파괴 모드를 모사하기 위한 것이다.

표 11.1 파괴조건 목록

❙거시적 파괴조건: 매크로 물리량을 파괴기준으로 하는 모델
- 순간파괴 모델
   - 재료의 물리량 한계값으로 순간적으로 파괴하는 모델
   * 기준값: 상당 소성 변형률, 상당 응력, 주응력, 주변형률, 소성 일, 내부 에너지, 음의 정수압 등
- 시간의존 파괴모델
   - 손상축적형 파괴조건
   - 이력의존형 파괴조건
   - 작용시간의존형 파괴조건
   - Post-Failure 모델

❙미시적 파괴조건: 분자·원자 수준의 미시적인 구조에서 결정되는 파라미터를 파괴기준으로 하는 모델

정수압 성분에 의한 파괴조건이므로 이 조건을 충족할 경우 항복응력뿐 아니라 정수압 성분 역시 0으로 한다. 또한 이 조건에서는 고체 재료뿐 아

니라 액체에도 적용할 수 있다. 예를 들어, 물은 수소결합에 의한 액체상에서도 수 MPa의 부압에 견디는 것으로 알려져 있다. 이 파괴조건을 물에 적용하면 기화가 발생하지 않는 캐비테이션을 모사할 수 있다. 시간의존형 파괴모델은 최근 급격하게 발전했다. 손상축적형 파괴모델은 일반적으로 손상함수라는 변수를 이용해 다양한 기준을 바탕으로 손상도를 가산해 한계값에 도달했을 때 파괴를 일으켰는지 판단하는 모델이다. 반면 과거 이력에 의존하는 파괴조건이나 단순한 한계값 도달이 아닌 한계값이 일정 시간 유지되어야 비로소 파괴에 이르는 파괴조건도 있다. 이들은 모두 크리프처럼 장시간 동안 발생하는 재료 거동을 모사하는 것이 아닌, 적어도 ms 오더 이하의 단시간 동안 발생하는 파괴현상을 대상으로 하고 있는 점을 주의해야 한다. 반면 Post-Failure 모델은 파괴 후 즉시 항복응력을 상실시키지 않고 완화시간이 발생하도록 조건을 설정하는 파괴조건이다.

Euler 좌표계에 파괴조건을 적용할 경우 항복응력을 0으로 하는 것으로는 충분하지 않다. 여기에 파괴된 계산요소 안에 공극률을 10^{-4} 정도 도입한다. 그 후 계산요소가 팽창모드를 유지하면 이류계산에 의해 공극이 성장하고 파괴가 진행된다. 반대로 압축모드로 이행하면 공극이 찌그러져 파괴가 진행되지 않는다. 또한 Euler의 방법은 이류계산으로 인해 물질의 이력이 불명확해지므로 특히 시간의존형 파괴조건의 정밀도가 낮아진다는 점에 주의한다.

11.2.5 시간 적분법

목표로 하는 계열은 2차 쌍곡형 편미분 방정식으로 기술되는데, 이를 수치로 풀기 위한 대표적인 시간적분법으로 Explicit과 Implicit이 있다. 전자는 일정 시점, 일정 장소의 물리량을 평가하는 점화식을 과거의 물리량만을 이용해 양으로 나타내는데 반해, 후자는 현재의 물리량도 이용한다(그림 11.2 참조. 쌍곡형 편미분 방정식의 경우 바로 전의 물리량이 점화식 우변에 나타나는데, 기본적으로는 동일한 논리가 성립한다). 이 때문에 Explicit의 경우 초기조건에 대해 순차적으로 점화식을 이용하여 계산을 실시하면 그림의 격자점에서 나타난 전해 공간의 물리량을 정할 수 있다. 반면, Implicit의 경우 현재 물리량이 미지수인 연립방정식을 세우고 풀어야 해를 구할 수 있다. 이와 같이 Implicit은 Explicit에 비해 정식화가 복잡할 뿐만 아니라 평형 방정식을 푸는 작업에 따라 멀리 떨어진 물리량이 다른 물리량에 영향을 미치기 때문에 충격문제에 적용할 경우 오차를 일으키는 요인이 된다. 따라서 대부분의 충격해석코드에서는 Explicit이 채용되는데, 시간적분의 간격(Δt)에 제약이 생긴다. 즉 연속식과 운동 방정식을 이용하면 파동 방정식을 도출할 수 있는데, 파동의 전파 속도인 음속 : c가 연속체를 내부를 전파하는 가장 빠른 신호의 역할을 하게 된다(단, 충격파는 제외).

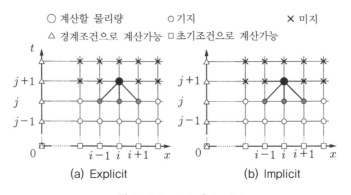

그림 11.2 Explicit과 Implicit

Lagrange의 방법으로 $\Delta t \geq \Delta x/c$(단, Δx는 공간의 간격) 시간 간격으로 위 잠화식을 갱신해 시간 적분을 실시하면, 이 시간 동안 목표 계산요소의 바로 옆 계산 요소보다 먼 정보가 음속으로 전달되어 Explicit의 기본 가정인 가장 최근의 계산요소 정보만이 현재 상태에 영향을 미친다는 가정에 모순이 생긴다. 이로 인해 Explicit의 경우 $\Delta t \geq \Delta x/c$의 조건을 만족시키면서 시간적분을 실시해야 한다는 제약이 생긴다. 이 조건을 커런트^{Courant} 조건 혹은 CFL 조건이라 부른다. Euler의 방법에서는 $\Delta t \leq \Delta x/(c+u)$가 된다(단, u는 유속이다).

이러한 제약 때문에 장시간 동안 해석을 실시하려면 방대한 시간적분 횟수가 필요하게 되어 계산에 많은 비용이 든다. 또한 적분 횟수가 늘어나면 수치오차(주로 에너지오차)의 축적을 초래하기 때문에 실제로는 Explicit으로 장시간의 현상을 풀 수 없다. 또한 Lagrange의 방법에 Explicit을 적용하는 경우 계산요소의 변형으로 인해 시간 간격의 감소가 야기되므로 변형이 진행되면 점점 더 많은 시간적분이 필요해진다. 이처럼 Explicit과 Implicit을 비교하면, Explicit은 급격한 변화를 수반하는 단시간 과도 현상에 적합하고, Implicit은 정상 문제에 적합하다고 할 수 있다. 충격 문제에서는 일반적으로 Explicit이 적합한데, 이 경우 에너지오차가 허용범위인지 확인하면서 시간적분을 실시하는 것은 정밀도면에서 매우 중요한 요건이다.

11.3 해석 사례

11.3.1 항공기의 충돌 해석

일본에서는 일본 내의 원자력 시설 중 기지에 가까운 재처리 시설의 낙하 사고가 주로 검토되었기 때문에 비행물은 주로 군용기가 대상이었다. 그러나 9·11 테러 이후 보다 광범위한 시나리오를 예상해야 한다고 재인식되었다. 아래의 해석[10]은 가상 문제이며, 비교 가능한 실험 결과는 존재하지 않는다.

그림 11.3에 표 11.2의 네 번째 경우의 수치 모델을 제시한다. 총질량 340t의 Boeing 747 점보제트기가 콘크리트벽에 300km/h로 충돌했을 경우를 생각해보자. 이는 일반적인 착륙 속도보다 10% 정도 빠른 속도에 해당한다. 콘크리트 벽은 폭 150m, 높이 60m인 직사각형으로, 표 11.2와 같이 두께와 철근의 유무에 따라 5종류의 콘크리트벽과 강벽으로 이루어진 총 6종류의 표적이다. 배근 사양은 전면근·배면근 모두 횡근, 종근이 각각 99, 39개다.

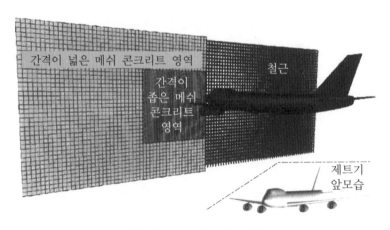

그림 11.3 점보제트 RC 벽의 충돌해석 해석모델

표 11.2 해석 조건 목록

CASE 번호	1	2	3	4	5	6
벽 두께(m)	1	2	2	3	3	강벽
철근비(%)	0.8	0.8	없음	0.8	없음	–

제트기의 수치해석은 대부분 셸 요소를 이용하여 각 부재의 두께를 고려하면서 총질량(연료 100t, 엔진 16t 포함)이 맞도록 조정했다. 총 요소 수는 약 26,000개이다. 이 모델에서 철근 콘크리트^{RC}벽은 콘크리트 부분을 Lagrange 요소, 철근 부분을 보 요소로 모사하고 충돌 부분 부근에는 0.5m의 정사각형 단면에서 두께 0.2m의 직육면체 형상의 상세한 계산 요소를 이용하여 주변 부분에는 1.5m의 정사각형 단면, 두께는 동일한 0.2m의 직육면체 형상의 계산 요소를 적용했다. 콘크리트의 총 계산 요소 수는 186,000(1m 두께일 경우는 62,000)이다. 2m와 3m 두께는 벽의 접지면을, 1m 두께는 4변을 완전히 고정했다. 콘크리트와 철근은 완전부착 조건, 제트기와 RC벽 사이는 자유단을 경계조건으로 적용했다. 한편, 기체 재료는 2024-T351 알루미늄합금을 가정, 가공경화와 변형률속도 의존성을 고려할 수 있는 Johnson-Cook 구성 법칙[11]과 한계변형률로 파괴되는 모델을 적용했다. 콘크리트는 P-α compaction 상태 방정식[12]과 R-H-T의 구성 법칙과 파괴 법칙[13]을 적용했다. 철근은 탄소성체에서 19%의 한계소성변형률로 파괴된다고 가정했다. 또한 Lagrange, 셸, 보의 각 요소는 한계 기하학적인 왜곡률로 수치에 이로젼이 생기는 모델을 적용했다. 그림 11.4(a)에 CASE-1에서 1s일 때의 결과를 제시한다. 충돌면에서 바라본 조감도를 보면 기체 머리가 RC벽을 관통하여 날개가 벽면에 충돌해 현저하게 파손되었으며 엔진에도 상당한 변형이 일어났다. 뒤에서 본 조감도에서는 기체 머리가 찌그러지면서 관통한 모습이 관찰되었다. 별도로 출력한 0.5s 이후의 중간결과는 절단된 철근과 함께 코르크마개

충돌측면

후면측

충돌측면

후면측

(a) CASE-1(벽 두께: 1m, 철근 있음), 시각: 1s   (b) CASE-2(벽 두께: 2m, 철근 있음), 시각: 1s

후면측
충돌측면

충돌측면   윗방향 시점

(c) CASE-3(벽 두께: 2m, 철근 없음), 시각: 1s   (d) CASE-4(벽 두께: 3m, 철근 없음), 시각: 1s

충돌측면   윗방향 시점

충돌측면   윗방향 시점

(e) CASE-5(벽 두께: 3m, 철근 없음), 시각: 1s   (f) CASE-6(rkdqur), 시각: 1s

그림 11.4 점보제트기의 RC벽 충돌해석 비교

모양으로 뚫린 RC벽 덩어리가 날아가는 상황이 관찰됐다. 또한 이 그림에서는 확인하기 어려우나 관통구 부분의 절단된 철근 부분이 노출되어 있다. 2m 두께인 그림 11.4(b)와 11.4(c)의 결과를 보면 충돌면 측의 변형은 거의 동일하며 기체 머리가 찌그러져 엔진이 충돌하기 직전에 멈춘 것처럼 보인다. 별도로 출력한 운동에너지의 시간 이력에서도 엔진과 날개가 눈에 띄게 충돌하지는 않았다는 사실을 확인할 수 있다. 날개는 새가 날갯짓 하는 것처럼 양 끝이 아래로 향해 있다. 뒷면의 조감도는 두 결과 모두 콘크리트를 완전히 관통한 점은 동일하나, 철근이 있는 CASE-2에서는 철근이 늘어나기는 했으나 아직 남아 있는 모습을 볼 수 있다.

3m 두께인 그림 11.4(d)와 (e)의 경우도 충돌면측의 변형 모양은 거의 동일하며, 기체 머리는 찌그러졌지만 날개와 엔진은 충돌하지 않았다. 충돌면의 콘크리트 벽면이 약간 손상되었으나, 눈에 띄는 크레이터는 발생하지 않았다. 위쪽에서 본 조감도에서는 양쪽 모두 반동하여 엔진 충돌이 발생하지 않았음을 명확하게 확인할 수 있다. 콘크리트 벽면의 전체 변형

역시 눈에 띄는 거동은 관찰할 수 없었다. 1s일 때의 반동 거리는 무철근인 CASE-5가 약간 더 길다. 그림 11.4(f)에 CASE-6의 0.6s의 결과를 나타냈다. 이 경우 표적은 강벽인데 충돌면과 위쪽에서 본 조감도는 모두 3m 두께의 콘크리트벽인 CASE-4와 CASE-5의 결과와 유사한 결과를 보인다. 해석결과를 비교해보면 국소적 파괴현상에서는 철근의 효과가 크게 눈에 띄지 않고 콘크리트 두께의 효과는 탁월하다는 결론이 나온다. 이는 약 83m/s라는 충돌속도가 콘크리트재에서는 국소변형이 많은 비중을 차지하는 고속충돌 문제에 해당하기 때문이다. 3m 두께 콘크리트벽의 계산은 현재 최고속 PC를 이용하더라도 보름 정도 걸리는데, 강벽 계산은 하루 정도면 계산이 가능하다. 자동차의 충돌 문제가 약 20년 전부터 3차원 계산으로 당시의 슈퍼컴퓨터를 이용하여 본격화되었던 것에 비해, 구조물의 벌크 부분을 푸는 계산은 겨우 몇 년전부터 현실화되었다는 점도 이해가 간다.

11.3.2 폭약과 콘크리트 구조물의 상호작용 해석

화약류와 반응성 기체와 같은 고에너지 물질의 폭발로 인한 산업 재해와 테러를 비롯한 고에너지 물질로 인한 위협이 심각한 문제가 되고 있다. 이러한 폭발 위력이 미치는 영향 범위는 수 m에서 수백 m에 달하기 때문에, 생성 기체와 건축·토목 구조물의 상호작용 문제로 접근하는 것이 필수이다. 따라서 유체와 구조물, 기체상과 응축상을 포함하는 복잡한 물리계의 충격 문제로서 논의·평가할 필요가 있다.

본 사례에서는 이러한 관점으로 폭약이 철근 콘크리트 판에서 근접 폭발하는 모리시타의 실험 결과[14]를 참조하여 3차원 해석과 비교 검토한 후, 실제적인 상정폭발 현상에 동일한 해석 기법을 적용하여 유효성을 검증한다. 이번 사례에서는 충격해석코드 AUTODYN의 Euler-Lagrange의 상호작용 해석기능을 적용했다. 충격해석 코드로는 단일 문제 중 공중·수중·지중 폭발의 다성분계 해석에 유용한 다성분 물질계 Euler법, 기체의 충격 문제에 유용한 FCT[Flux Corrected Transport] Euler법[15] 이 2종류의 Euler 좌표계 해석기능을 사용할 수 있다. FCT Euler는 다성분 물질계 Euler법에 비해 기체상의 충격파 해석의 정밀도가 높고, 계산시간을 큰 폭으로 절약할 수 있다. 한편 본 사례에서는 폭약의 폭발과정을 모사해야 하는데, 채프먼–주게[Chapman-Jouguet]의 폭굉압력을 수치화하기 위해서는 1차원 방향의 다성분 물질계 Euler 요소가 수십 개 이상 필요하다. 이 같은 이산화 정밀도로 3차원 해석영역 전체의 공간을 한꺼번에 이산화하면 방대한 계산 메쉬가 필요하기 때문에 현재의 계산기 능력을 뛰어넘게 된다. 이 문제를 해결하기 위해 본 해석에서는 공중폭발이 종료되고, 폭발 생성물의 밀도가 전 영역에서 초기의 1/10 이하로 감소하는 시점까지는 2차원 축대칭계에 의한 다성분 물질계 Euler법으로 해석하고, 공기와 폭발 생성 기체의 물리적 상태를 3차원의 FCT Euler 계산요소에 리맵해 구조물을 모사한 Lagrange 좌표계의 상호작용을 고려하기로 했다.

폭약의 모델화에는 AUTODYN가 표준으로 갖추고 있는 LLNL에서 개발·발전된 JWL[Jones-Wilkins-Lee]의 상태 방정식[16] 및 AUTOD–YN의 가장 단순한 정상 이상 폭굉 계산 기능을 적용했다. 다음은 JWL식이다.

$$P = A\left(1 - \frac{\omega\eta}{R_1}\right)\exp\left(-\frac{R_1}{\eta}\right) + B\left(1 - \frac{\omega\eta}{R_2}\right)\exp\left(-\frac{R_2}{\eta}\right) + \omega\eta\rho_0 e \quad (11.1)$$

단, p는 압력, ρ는 밀도, e는 비내부 에너지, $\eta = \rho/\rho_0$(ρ_0는 초기밀도)이다. A, B, R_1, R_2, ω는 모두 폭약 고유의 물성값으로, 원통용기 팽창시험에서 정의된다. 공기는 이상 기체를 가정했다. 비열비($\gamma = c_p/c_v$; c_p : 정압몰비열, c_v : 정적몰비열)를 물성값으로 하여 식(11.2)에 제시한다.

$$p = (\gamma - 1)\rho e \qquad\qquad (11.2)$$

폭약이 연소해 밀도가 초기의 1/10로 감소했다고 가정하면, $\eta < 1/10$이다. 한편 폭약은 보통 $A \approx 500\text{GPa}$, $B \approx 10\text{GPa}$, $R_1 \approx 5$, $\omega \approx 0.3$이므로 식(11.1)의 제1항은 무시 가능할 정도로 감소하고, 제2항도 폭굉압력과 비교하면 1/1000 정도인 50MPa 이하까지 감소한다. 따라서 폭약의 연소가 종료되고 밀도가 초기의 1/10 이하까지 감소한 시점에서는 제3항이 도드라지기 시작하는데 3항은 $\omega = \gamma - 1$이라고 하면 식(11.2)의 이상기체의 상태 방정식으로 돌아온다. 본 해석에서는 폭약의 연소와 공기 중 연소 기체가 팽창하는 과정을 다성분 물질계 Euler법의 2차원 대칭계로 계산하고, 물리적 상태를 FCT Euler법의 3차원계로 리맵하여 Lagrange 좌표계로 모사한 구조물의 상호작용을 계산을 하여 구조물 응답(변형)을 평가한다. 2차원 축대칭계에서는 폭약에 JWL의 상태방정식, 공기에 이상기체의 상태방정식을 적용했는데, 3차원 계산에서는 폭약의 연소기체와 공기에 동일한 비열비를 갖는 이상기체로 모사했다. 한편 콘크리트나 토질은 많은 공극을 포함하고 있다. 이 상태를 모사하기 위해 다공질porous 상태 방정식을 적용했다. 이 물질들은 인장측과 압축측에서 눈에 띄게 강도가 다르게 나타난다. 이 때문에 Drucker—Prager 법칙[17]이라고 불리는 항복응력이 압력에 의존하는 구성 법칙을 적용했다. 또한 음의 정수압 한계에서 파괴하는 모델을 적용했는데 지면상 상세한 내용은 생략한다. 철강 재료에는 탄소성 구성 법칙과 파괴 법칙을 적용했으며 상세한 기술은 생략한다. 모리시타는 원주상 펜트라이트 폭약을 RC판 위에서 폭굉시켜 RC판의 손상 상태에 대해 체계적으로 조사했다. 시험은 폭약의 위치에 따라 천공, 접촉, 근접의 3가지로 분류하고 폭약량을 변화시켜 실험을 실시했다. 그리고[18] 접촉 폭발에 대해 Lagrange 좌표계의 수치 에로젼 기능을

이용하여 실험 모의 해석을 실시했는데, 근접 폭발 중 폭약량이 113g, 폭약과 RC판 사이의 설치 간격이 50mm와 100mm인 경우의 실험 모의 해석을 제시했다. 대상으로 한 실험계의 모식도는 그림 11.5이다. 단, 해석 모델에서는 폭약 설치대는 무시하고 RC판 설치대는 반동 가능한 강철로, 마찰이 없는 바닥에서 자유롭게 미끄러진다는 경계 조건에 따라 모사했다. 또한 정사각형 PC판의 대칭성을 고려하여 1/4만 계산했다.

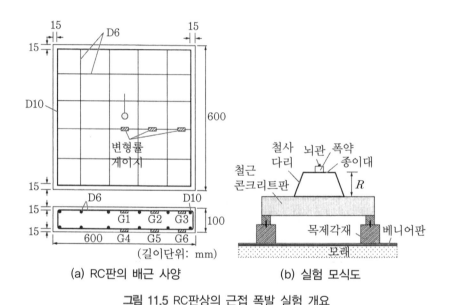

(a) RC판의 배근 사양

(b) 실험 모식도

그림 11.5 RC판상의 근접 폭발 실험 개요

앞서 설명한 2차원 대칭계에 의한 폭굉 및 팽창 해석의 최종결과를 3차원 FCT Euler 해석계로 리맵한 상태가 그림 11.6이다. 3차원 그림은 RC판도 수치 모델에 포함되어 있다. 상단은 압력, 하단은 밀도의 분포도이다. 또한 리맵 후의 상태를 초기 조건으로 하여 2종류의 설치 간격에 대해 500μs까지 3차원 해석을 실시했다.

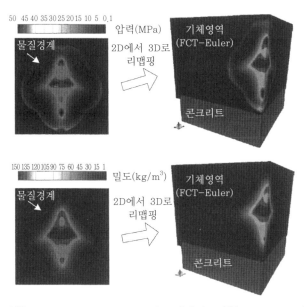

그림 11.6 2차원 multiple-material Euler 소르바에서 3차원 FCT Euler 소르바 모델로의 리매핑

이 두 가지 경우에 대응하는 시험 결과 중 RC판의 전면·후면·중심 절단면의 3면 손상상태를 비교한 것이 그림 11.7이다. 그림만으로는 판단하기 어렵지만 설치 간격이 100mm인 경우 전면 손상은 실험과 수치해석에서 모두 경미하다. 설치 간격이 50mm일 때 전면에 실험과 해석에서 모두 명백하게 크레이터가 발생한 사실과 차이가 난다. 후면의 스폴링(11.2.4 참조)에 의한 파손 상황, 전후면의 균열 진전 상황, 측단면의 파손 상황에서도 모두 실험결과와 수치해석 결과가 어느 정도 일치한다. 그림 11.7의 최하단에는 수치해석에 의한 철근의 손상 상황만 따로 나타냈는데, 설치 간격 100mm, 50mm 모두 주목할 만한 손상은 발생하지 않았다. 마찬가지로 시험 결과에서도 주목할 만한 소성 변형은 보고되지 않았다. 또한 정사각형 PC판의 대칭성을 고려하여 1/4만을 계산했는데, 그림에는 전체를 제시했다. 위에서 제시한 실험모의해석과 동일한 기법을 더 복잡한 형상인 3차원계에 적용한 사례를 설명하겠다. 그림 11.8은

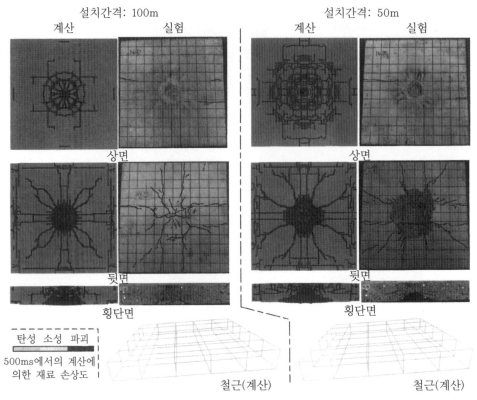

설치간격: 100m

설치간격: 50m

계산　　　　실험

계산　　　　실험

상면

상면

뒷면

뒷면

횡단면

횡단면

탄성　소성　파괴
500ms에서의 계산에
의한 재료 손상도

철근(계산)

철근(계산)

그림 11.7 RC판의 근접폭발 실험결과와 3차원 해석결과의 비교

상정 해석계의 모식도이다. 대칭성을 고려하여 1/2 체계로 계산했다. 콘크리트는 철근의 인장강도를 모사한 균등한 등가강성 모델을 적용했다. 콘크리트 안쪽의 강판은 원통 부분에만 부착하고 끝부분(안쪽)에는 부착하지 않았다. 강판과 콘크리트 사이의 접합은 없으며 자유단 상호작용 경계조건을 적용했다. 계산 도중 지면이 변형될 것으로 예상되기 때문에 공기와 TNT의 생성기체를 모사하기 위한 FCT Euler의 계산영역은 지표면 수직하방 1m, 수직상방 7m로 설정했다. FCT Euler의 경계면 중 거울 대칭면 외의 측면과 윗면은 유출 경계조건을 적용하고, 흙의 거울대칭면 이외의 측면 및 하면에는 무반사 투과 경계 조건을 적용했다. 또한 흙과 콘크리트를 모사한 Lagrange 요소 및 강판을 모사한 셸 요소와 기체를 모사한 FCT Euler 사이에 상호작용 경계조건을 설정했다.

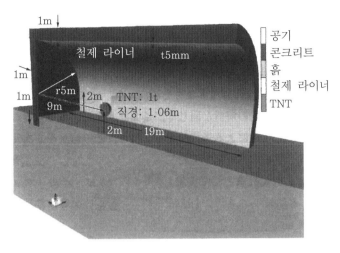

그림 11.8 내부에 강철제 라이너가 설치된 아치형 콘크리트 구조물 내의 폭발 해석 모델

　앞에서 제시한 근접 폭발 해석과 동일하게 폭약이 연소해 어느 정도 팽창할 때까지 다성분 물질계 Euler를 이용한 예비 해석을 실시하여 그 결과를 3차원 모델로 리맵한 후, 본 해석을 실시했다. 단, 구상폭약이기 때문에 예비 해석은 1차원 계산으로 실시했다. 그림 11.9에 리맵 순서의 설명도를 제시했다. 마름모꼴의 1차원 해석영역은 반지름방향으로 500 등분 계산요소이며, 폭약의 영역은 초기에 132 계산 요소이다.

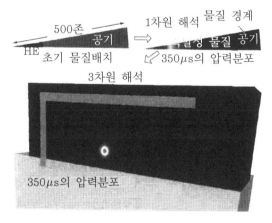

그림 11.9 1차원 mutiple-material Euler에서 3차원 FCT Euler 모델로 리매핑

그림 11.10은 3ms 시의 거울대칭면상, 기체영역의 압력분포, 구조물의 재료상태분포를 나타낸 것이다. 폭풍이 콘크리트 구조물 천장부에서 반사하여 4MPa 이상의 고압 영역을 평가한다. 한편 이 시점 전에 천장부에 전파된 충격파가 배면 자유표면에 반사되어 위상반전되는데, 이 팽창파와 뒤따르던 압축파가 겹치면서 콘크리트 내부에 부압이 발생하여 파괴가 발생한다. 흙 영역에서도 충격파가 통과한 후 팽창파 발생에 따른 음의 정수압으로 인해 스폴 파괴 영역이 발생한다.

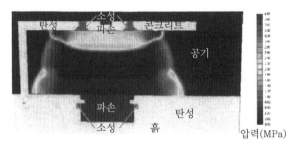

그림 11.10 3ms 시 기체영역 압력분포 및 구조물의 소성화 영역과 파괴 영역 맵

그림 11.11은 계산을 종료한 75ms의 구조계 재료상태 분포 상황을 나타낸 것이다. 콘크리트 구조물 내면의 손상 상황을 파악하기 위해 안쪽 강판을 오른쪽에 도식화했다. 콘크리트 원통부 축방향으로 몇 줄의 파괴 줄무늬가 발생했다. 축방향만큼 뚜렷하지는 않지만 원주 방향에도 파괴무늬가 나타났다. 또한 콘크리트 접합부(코너부)에도 파괴가 발생했다. 내측 강판에는 파괴가 발생하지 않았지만 거의 전 영역이 소성화되어 소성 가공의 딥드로잉 변형 패턴을 보였다. 흙의 폭원 부근도 광범위한 파괴가 일어나 깊이 약 230mm의 크레이터가 생겼다. 그림의 우측 하단은 거울대칭면에서 반전 표시한 구조물의 재료 상태와 후면에서 바라본 분포 상황을 나타낸 것이다. 콘크리트 구조물 단부의 파괴상황 및 흙 주변 영역의 상황을 확인할 수 있다.

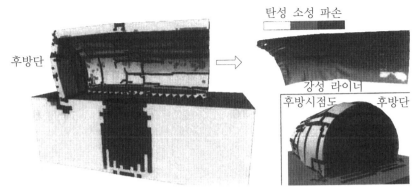

탄성 소성 파손

후방단

강성 라이너
후방시점도   후방단

그림 11.11 75ms 시 구조물의 소성화 영역과 파괴 영역 맵

11.3.3 스페이스 데브리의 초고속충돌 해석

필자는 1986년에 스페이스 데브리(우주쓰레기) 충돌 해석을 처음 접했다. 그때 해석한 문제는 알루미늄 원주상 비상체가 알루미늄판 1장에 충돌하는 문제였다. 모두 다성분 물질계 Euler법으로 모델화하고 상태 방정식으로는 충격기화에 대응하는 틸롯슨Tillotson의 상태 방정식[19]을 적용했다. 4,000 미만의 Euler 계산요소, 약 1,000회의 시간적분을 실시하는 데 당시의 슈퍼컴퓨터 CRAY-1로 20분 남짓 소요되었다. 지금은 3GHz의 윈도우/PC를 이용하면 약 20초 만에 동일한 계산을 수행할 수 있다.

그림 11.12는 그 후 사내 연구에서 실시한 유사 계산의 결과이다. 그림의 우측 10km/s의 결과에서는 충돌면 측에서 눈에 띄게 물질 분포가 관찰되었고 기화물질이 분출된다는 사실을 다른 출력 결과에서 확인했다. 이러한 결과를 얻기까지 시간 적분의 간격이 지극히 작아지는 상황을 겪었는데 계산 오류라고 생각해 도중에 계산을 중지할 뻔했다.

이는 시간 적분의 안정성 조건은 CFL조건이 아닌 급격한 밀도 변화에 따른 폰 노이만von Neumann의 안정성 조건이 좌우하기 때문인데, 고성능 폭약의 폭죽에서도 일찍이 경험해본 적이 없는 극한상태의 물리 해석이었다. 그러나 5년 후에야 비로소 이 해석의 물리적 의미를 이해했다. 이 무렵 미

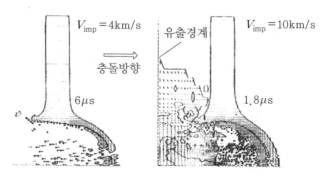

그림 11.12 일본 최초의 스페이스 데브리 해석

국과 유럽에서 행해진 수치해석 연구는 필자가 알고 있는 바로는 1985년에 발사된 유럽우주국ESA의 Giott 미션에 관해 ESA Halley Workshop이 발표한 해석뿐인데, 충격 기화는 고려되지 않았다.

1989년 9월, 일본항공우주학회는 당시의 항공우주기술연구소NAL의 토다 스스무 동력학연구실장을 주임 조사관으로 임명해 스페이스 데브리 연구회를 발족시켰다. 필자는 1990년 후반 NAL의 토다 스스무 박사와 키다 세이시로 박사의 요청으로 연구에 참여했다. 당시 일본에서 응축상의 충격해석을 실시한 곳은 방위 분야와 원자력 분야뿐이었는데, 이들이 대상으로 한 속도 영역은 10km/s 이하이며, 성형 폭약을 제외하고는 대부분 2km/s 이하의 충돌 문제가 주류를 이루었다.

그 때문에 초고속충돌 분야 소위 선행 분야에 몸 담아온 우리는 새로운 문제에 직면했고 공부를 많이 해야 했다. 특히 앞서 서술한 충격 기화 문제는 10km/s 이하의 충돌속도에서는 거의 문제가 되지 않기 때문에 틸롯슨[19]의 충격 기화에 대응하는 상태 방정식이 아닌 충격 문제 전체에 대한 상태 방정식의 중요성과 의의를 다시 검토할 기회를 얻게 된 것이 큰 소득이었다. 첫 연구 활동으로 충격 기화의 물리를 중심으로 수치 시뮬레이션의 유효성 제시와 수치 시뮬레이션 결과를 통한 물리 과정의 설명을 시도했다.[20] 그때 이용한 해석 기법은 기본적으로 1986년의 기법과 동일한 다성분 물질계 Euler법과 틸롯슨의 상태 방정식이었는데, 목표 판이 2장이라는 점이 다르다. 이 연구는 비상체의 형상효과와 2판효과를 조합한 물리적 검토가 포함되어 있었으나 당시의 계산기 능력과 공간 표시법인 Euler 좌표계의 한계로 인해 현재와 같은 휘플Whipple 범퍼의 설계수치를 반영한 분석 조건은 아니었다.

1992년에 들어서 스페이스 데브리 연구 활동을 통해 데브리 관련 정보가 풍부해졌기 때문에 휘플 범퍼의 실제적인 해석을 얻고자 하는 요구가 증가했다. 당시의 계산기 능력으로는 다성분 물질계 Euler법을 이용하여 데브리 구름(범퍼 충돌로 인해 발생하는 구상의 잔원)이 퍼지는 영역을 정밀하게 모사하기는 역부족이었다. 이는 2차원 축대칭 모델로 최소한 약 30~40만 정도의 계산요소가 필요했기 때문이다. 그래서 다성분 물질계 Euler법이 아닌 대화형 리조닝이라는 기법을 사용하여 첫 번째 범퍼의 관통, 데브리 구름의 형성, 주벽으로의 충돌과정을 모사하는 방법을 시도하기로 했다. 이 기법은 Euler의 결과와 비교하는 방식으로 1992년 무렵부터 두세 곳의 국제회의에서 발표되었다. 그 내용을 간단하게 그림 11.13에 나타낸다. 휘플 범퍼의 2차원 축대칭계에 의한 수치해석법은 일단 확립되었지만, 실험에 의한 검증이 이루어졌는지가 문제였다.

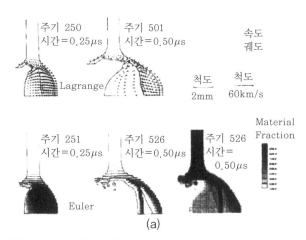

(a)

그림 11.13 대화형 리조닝 기법에 의한 데브리 구름 형성과 휘플 범퍼의 충돌 과정의 해석

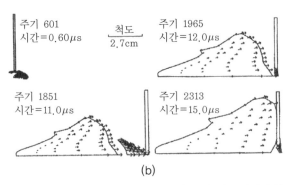

주기 601
시간=0.60μs

척도
2.7cm

주기 1965
시간=12.0μs

주기 1851
시간=11.0μs

주기 2313
시간=15.0μs

(b)

그림 11.13 대화형 리조닝 기법에 의한 데브리 구름 형성과 휘플 범퍼의 충돌 과정의 해석 (계속)

지금까지 국방 분야에서는 이미 실험과 비교를 통해 충격문제의 침투 깊이 같은 결과에 관해서는 오차범위 10% 이내로 서로 일치한다고 확인되었으나, 4km/s 이하의 속도 영역뿐이었고, 대부분 비공개였다. 그러한 와중에 NAL의 토다 박사와 키베 박사의 주도로 당시의 우주 과학 연구소의 레일 건, 토호쿠대학교 유체과학연구소의 이단식 경가스총, 쿄토대학교 공학부의 화약총에 의한 충돌 시험이 실시되었다는 사실은 매우 중요하다. 이 시험에서는 각각의 가속장치에서 목적가속속도를 7, 4, 2km/s로 정하고, 거의 동일한 운동에너지를 지닌 원주상 플라스틱 비상체를 판 1장 또는 휘플버퍼에 충돌시켰는데, 매우 단순하지만 기초적인 물리를 밝히는 데에는 적절하고 유효한 실험이었다.

이 시험결과와 다성분 물질계 Euler법에 의한 계산결과를 비교한 것이 그림 11.14이다.[17] 그림 11.15는 휘플 범퍼에 대한 대화형 Lagrange 리조닝법과 다성분 물질계 Euler법에 의한 수치해석 비교이다.[18] 그림 11.14와 그림 11.15의 Lagrange법을 이용한 결과는 1994년 국제회의 두 곳에서 발표한 것인데, 1년 후 다른 국제회의에서는 계산기 능력이 향상해 휘플 범퍼의 해석도 다성분 물질계 Euler법만으로 계산할 수 있다는 사실을 보여주었다. 지면상 실험 결과의 비교는 생략했지만, Lagrange법, Euler법의 결과 모두 타당하다고 생각한다.

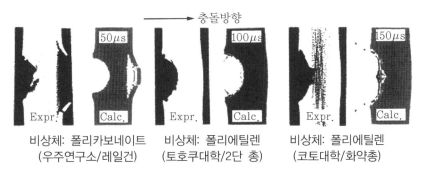

충돌방향

비상체: 폴리카보네이트
(우주연구소/레일건)

비상체: 폴리에틸렌
(토호쿠대학/2단 총)

비상체: 폴리에틸렌
(코토대학/화약총)

그림 11.14 3종류의 가속장치에 의한 시험결과와 해석결과의 비교

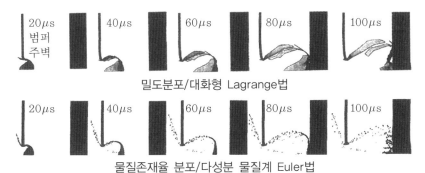

밀도분포/대화형 Lagrange법

물질존재율 분포/다성분 물질계 Euler법

그림 11.15 휘플 범퍼의 충돌 해석에 관한 Lagrange법과 Euler법의 비교

스페이스 데브리는 저궤도에서 최대충돌속도가 15km/s에 이르기 때문에 앞에서 서술한 NAL의 실험 및 수치해석 연구만으로는 불충분하다는 사실은 명백하다. 특히 대부분의 물질은 10km/s 이상에서는 광범위한 영역에서 기화할 것으로 예상되므로 2단식 경가스총이나 레일건 외에도 10km/s 이상까지 가속할 수 있는 장치가 필요하다. 이러한 이유로 완전한 고체상태로 비상체를 사출할 수는 없었지만 성형폭약 실험을 실시하여 수치해석과 비교·검토했다.

그림 11.16은 성형폭약의 개념도와 시험장치의 모식도이다. 폭약의 에너지를 원뿔형 라이너 물질에 주고, 그 에너지를 축중심방향으로 수렴시켜 고속 제트를 얻는 원리이다. 단, 스페이스 데브리를 모사하기 위해서

긴 길이의 제트는 필요 없기 때문에 인히비터의 자기 단조 효과로 저속 슬래그를 제거한다. 라이너에 구리를 사용하는 방위 분야의 성형 폭약에서는 최대 9km/s 정도까지 가속할 수 있지만, 알루미늄을 이용하면 12km/s 정도까지 가속 가능하다. 이 금속제트 발생과정에 대한 수치해석법은 기본적으로는 다성분 물질계 Euler법을 사용하여 라이너와 제트를 모사하는데 1995년 이전의 계산기로는 실시하기 어려운 계산이었다.

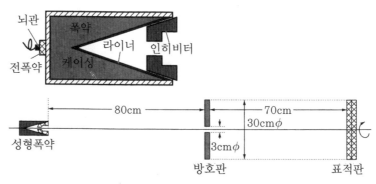

그림 11.16 성형 폭약 장치와 실험체계 모식도

그림 11.17(a)는 디에트 발생과 슬래그 제거 과정의 2차원 축대칭계에 의한 수치 시뮬레이션 결과[19]를 나타낸 것이다. 폭약과 알루미늄 라이너는 Euler의 방법, 나머지는 Lagrange의 방법으로 모사했다. 라이너 제트의 비상 해석을 계속하여 강철제 표적의 충돌해석을 실시한 계산 결과에 대응하는 실험결과를 비교한 것이 그림 11.17(b)이다. 표적도 Euler의 방법으로 모사했다.

그림 11.18의 상단은 Univ. of Dayton Research Inst.UDRI의 Piekutowski[24]가 2단식 경가스총을 사용하여 약 6.6km/s의 알루미늄 공을 알루미늄 표적판에 충돌시켜 찍은 X선 플래시 사진이다. 하단은 동일한 조건을 2차원 축대칭계의 SPH법으로 해석한 결과이다. 수치해석 결과의 상단에 투시사진인 실험결과와 비교하기 위한 3차원 적분 효과를 나타냈다.

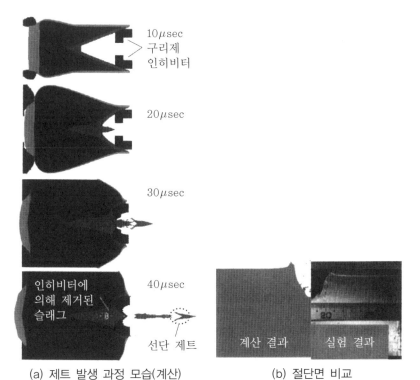

10μsec
구리제
인히비터

20μsec

30μsec

인히비터에
의해 제거된
슬래그

40μsec

선단 제트

계산 결과   실험 결과

(a) 제트 발생 과정 모습(계산)   (b) 절단면 비교

그림 11.17 인히비터 성형폭약의 수치해석과 실험 결과

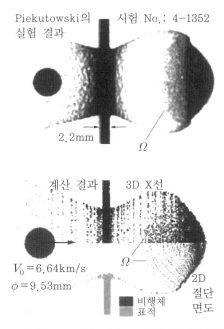

Piekutowski의   시험 No.: 4-1352
실험 결과

2.2mm Ω

계산 결과   3D X선

$V_0 = 6.64$km/s
$\phi = 9.53$mm Ω

비행체
표적

2D
절단
면도

그림 11.18 2차원 SPH법에 의한 초고속충돌해석과 실험의 비교

그림 11.19는 3차원 효과가 두드러지게 나타나는 측사 문제를 Piekutowski의 실험과 3차원을 이용한 SPH법의 결과를 비교한 것이다.

(a) 계산 결과와 실험 결과(X-ray 사진)의 비교　(b) SPH법 결과의 3차원 표시
그림 11.19 2차원 SPH법에 의한 초고속충돌 해석과 실험의 비교

스페이스 데브리의 초고속충돌문제의 수치해석법은 다성분 물질계 Euler법, 대화형 Lagrange 리조닝, SPH법과 같은 입자법 그리고 입자법과 Lagrange법의 결합법 등 지금까지 다양하게 변천해왔다. 현재는 일부 SPH법을 가장 적합한 방법으로 여기는 듯하다. 그러나 SPH법은 입자밀도가 충분한 경우에는 연속체로서 해석정밀도를 유지할 수 있지만, 데브리 구름이 퍼지는 과정에서 SPH 입자의 인접입자가 사라지고 최종적으로 단독 질점이 되어 상태량 평가를 할 수 없게 되는 사태가 발생할 수 있다. 물론 충격 기화가 발생하는 문제의 경우 에너지를 보존에 충분한 주의를 기울여 해석하는 것이 중요하다.

스페이스 데브리의 수치해석법은 아직 완성된 기술이 아니며, 앞으로도 계산기 능력과 해석방법을 감안하며 가장 현실적인 방법을 모색해나가야 할 것이다.

11.4 마치며

이상으로 고속충돌문제와 폭발문제의 수치해석법에 관한 개요와 여러 분야에서의 적용사례에 대해 기술했다. 해석법에 관해서는 지면 관계상 식을 이용한 상세한 기술이나 상태방정식이나 구성식의 구체적인 예는 언급하지 못했다. 해석에 관해서도 너무 광범위한 분야에 대해서는 기술하지 않았다. 이에 관해서는 보다 상세히 서술한 문헌이 있으니 참조하기 바란다.[22]

참고문헌

[1] M. L. Wilkins : Calculation of Elastic-Plastic Flow, UCRL - 7322, Rev. 1 (1969)

[2] M. L. Wilkins : Computer Simulation of Dynamic Phenomena, Springer (1999)

[3] J. A. Zukas : Introduction to Hydrocodes, Studies in Applied Mechanics 49, Elsevier (2004)

[4] F. H. Harlow : A machine calculation method for hydrodynamic problems, Los Alamos Scientific Laboratory report LAMS - 1956 (1955)

[5] J. O. Hallquist : Theoretical manual for DYNA3D, UCID - 19401, Lawrence Livermore National Laboratory (1983)

[6] M. S. Cowler, N.K. Birnbaum, M. Itoh, M. Katayama and H. Obata : AUTODYN An interactive non-linear analysis program for microcomputers through supercomputers, Trans. of 9th Int. Con. on Struct. Mech. in Reactor Tech. Vol. B (1987), 401 - 406

[7] F. H. Harlow and A. A. Amsden : J. Computational Physics, 8 (1971), 197 - 213

[8] L. B. Lucy : Astronomical J., 82 (1977), 1013 - 1024

[9] J. S. Rinehart : J. Appl. Phys, 22 - 5 (1951), 555 - 560

[10] M. Katayama et al. : The 2nd Asian Conference on High Pressure Research (ACHPR - 2), Nara, Japan (2004)

[11] G. R. Johnson et al. : Proc. 7th Int. Symposium on Ballistics, The Hague, The Netherlands (1983), 541 - 547

[12] W. Herrmann : J. Appl. Phys, 40 - 6 (1969), 2490 - 2499

[13] W. Reidel et al. : 9th Int. Symp. on Interaction of the Effects of Motions with Structures, Berlin, Germany (1999)

[14] 森下政治他 : 防衛庁技術研究本部技報, 第 6735 号 (2000), 1 - 36

[15] J. P. Boris and D. L. Book : J. Computational Physics, 11 (1973), 38 - 69

[16] B. M. Dobratz: UCRL - 52997, LLNL (1981)

[17] D. C. Drucker and W. Prager : Quarterly of Applied Mathematics, 10 (1952), 157 - 165

[18] M. Katayama et al. : Int. J. Impact Engineering, 34 - 9 (2007), 1546 - 1561

[19] J. H. Tillotson : GA-3216, General Atomic, CA (1962)

[20] 片山雅英 : スペースデブリ・ワークショップ '91 相模原講演集, 宇宙科学研究 所 (1991), 33 - 38

[21] M. Katayama, S. Kibe and S. Toda : Int. J. Impact Engineering, 17 (1995), 465 - 476

[22] M. Katayama, S. Toda and S. Kibe : Acta Astronautica, 40 - 12 (1996), 859 - 869

[23] M. Katayama et al. : Acta Astronautica, 48, No.5 - 12 (2001), 363 - 372

[24] A. J. Piekutowski : Int. J. Impact Engineering, **14** (1993), 573-586

[25] 片山雅英 : 高圧力学会誌, 高圧力の科学と技術, 8 巻, 4 号 (1998), 251-259

[26] 矢川元基·宮崎則幸編 計算力学ハンドブック, 15.5 高速衝撃解析 (片山雅英 執筆担当), 朝倉書店 (2007), 443-460

참고 도서

다음은 충격 공학을 더 배우고 싶은 독자를 위해 도움이 될 만한 참고서 목록이다. 일부
는 각 장의 끝에 기재된 참고문헌과 중복된다.

(a) 波動伝播

1. H. Kolsky Stress Waves in Solids, Dover Publications, New York (1963)

2. N.D. Cristescu Dynamic Plasticity, North-Holland. Amsterdam (1967), 衝撃塑 性学, 黒崎永治訳, コ
ロナ社 (1970)

3. J. D. Achenbach Wave Propagation in Elastic Solids, North-Holland. Amsterdam (1973)

4. R. J. Wasley Stress Wave Propagation in Solids, Dekker, New York (1973)

5. K. F. Graff Wave Motion in Elastic Solids, Oxford University Press, Oxford (1975), 復刻版 Dover
Publication (1991)

6. J.S. Rinehart Stress Transients in Solids, Hyper Dynamics, Santa Fe, New Mexico (1975)

7. W. K. Nowacki Stress Waves in Non-elastic Solids, Pergamon Press, Oxford (1978)

8. J. Miklowitz The Theory of Elastic Waves and Waveguide, North-Holland. Amsterdam (1984)

9. J. F. Doyle Wave Propagation in Structures, Springer, New York (1989)

10. A. Bedford and D.S. Drumheller Introduction to Elastic Wave Propagation, John Wiley & Sons,
Chichester (1994)

11. N. D. Cristescu Dynamic Plasticity, World Scientific, Singapore (2007)

(b) 衝撃破壊

1. 日本機械学会編 : 衝撃破壊工学, 技報堂出版 (1990)

2. S. Atluri (Editor) Computational Methods in the Mechanics of Fracture, North Holland (1986)

3. L. B. Freund : Dynamic Fracture Mechanics. Cambridge University Press, Cambridge (1990)

4. J. R. Klepaczko (Editor) : Crack Dynamics in Metallic Materials, Springer, Wien-New York (1990)

(c) 複合材の衝撃特性評価

1. R. L. Sierakowski and S.K. Chaturvedi Dynamic Loading and Characterization of Fiber-Reinforced
Composites, John Wiley & Sons, New York (1997)

2. S. Abrate Impact on Composite Structures, Cambridge University Press, Cambridge (1988)

3. S. R. Reid and G. Zhou (Editors) Impact Cambridge (1998) Behaviour of Fibre-Reinforced Composites

and Structures, Woodhead Publishing, Cambridge (2000)

4. S. Abrate (Editor) Impact Engineering of Composite Structures, Springer, Wien- New York (2011)

5. S. Abrate, B. Castanie and Y. D.S. Rajapakse (Editors) Dynamic Failure of Composite and Sandwich Structures, Springer, Wien-New York (2013)

(d) 衝撃解析コード

1. J. A. Zukas Introduction to Hydrocodes, Elsevier (2004)

(e) 衝撃工学全般

1. W. Goldsmith Impact, Edward Arnold, London (1960), 復刻版 Dover Publications (2001)

2. W. Johnson Impact Strength of Materials, Edward Arnold, London (1972)

3. J. A. Zukas (Editor) Impact Dynamics, John Wiley & Sons (1982)

4. T. Z. Blazynski (Editor Materials at High Strain Rates, Elsevier Applied Science, London (1987)

5. 林 卓夫, 田中吉之助編著 衝撃工学, 日刊工業新聞社 (1988)

6. N. Jones Structural Impact, Cambridge University Press (1988)

7. J. A. Zukas (Editor) Hypervelocity Impact Dynamics, John Wiley & Sons, New York (1990)

8. R. M. Brach Mechanical Impact Dynamics Rigid Body Collisions, John Wiley Sons, New York (1991)

9. Y. Bai and B. Dodd Adiabatic Shear Localization, Pergamon Press, Oxford (1992)

10. W.J. Stronge and T. X. Yu Dynamic Models for Structural Plasticity, Springer, London (1993)

11. M. A. Meyers Dynamic Behavior of Materials, John Wiley & Sons, New York (1994)

12. W.J. Stronge Impact Mechanics, Cambridge University Press, Cambridge (2001)

13. 岸 徳光編：衝撃実験―解析の基礎と応用, 構造工学シリーズ15, 土木学会 (2004)

14. 石川信隆, 大野友則, 藤掛一典, 別府万寿博共著：基礎からの衝撃工学, 森北 出版 (2008)

15. S. Hiermaier Structures under Crash and Impact, Springer, New York (2008)

16. W. Chen and B. Song Split Hopkinson (Kolsky) Bar, Springer, New York (2010)

색 인

편저자 및 집필자 소개

편저자   **요코야마 다카시(橫山 隆)**

1973년 오사카대학 대학원 석사과정 수료

현 오카야마 이과대학 명예교수·공학박사

집필자(집필순)   **구로카와 도모아키(黑川 知明)**

1970년 교토대학 대학원 박사과정 학위 취득

전 세쓰난대학 교수·공학박사

오가와 긴야(小川 欽也)

1969년 교토대학 대학원 박사과정 학위 취득

현 스페이스 다이나믹스 연구소 대표·공학박사

미무라 고지(三村 耕司)

1985년 교토대학 대학원 석사과정 수료

현 오사카부립대학 교수·공학박사

구사카 다카유키(日下 貴之)

1989년 교토대학 대학원 석사과정 수료

현 리츠메이칸대학 교수·공학박사

니시오카 도시히사(西岡 俊久)

1977년 도쿄대학 대학원 박사과정 수료

현 고베대학 명예교수·공학박사

후지모토 다케히로(藤本 岳洋)

1997년 고베대학 대학원 박사과정 수료

현 고베대학 준교수·공학박사

아다치 다다하루(足立 忠晴)

1985년 도쿄공업대학 대학원 석사과정 수료
현 도요하시기술대학 교수·공학박사

기시 노리미쯔(岸 德光)

1977년 홋카이도대학 대학원 박사과정 수료
현 구시로공업고등전문학교 교수·공학박사

세키네 도시모리(関根 利守)

1979년 도쿄공업대학 대학원 박사과정 수료
현 히로시마대학 교수·이학박사

도쿠라 스나오(戸倉 直)

2010년 도쿄공업대학 대학원 박사과정 수료
현 도쿠라 시뮬레이션 리서치 대표이사·공학박사

가타야마 마사히데(片山 雅英)

1979년 오사카대학 공학부 원자력공학과 졸업
현 이토츄 테크노솔루션즈·공학박사

역자 소개

임윤묵

학력

University of Michigan 박사

현 연세대학교 건설환경공학과 교수

경력

1996 University of Michigan 연구원

2004 UC Davis 방문교수

2012 Washington University 방문교수

2014-15 연세대학교 대학원 부원장

2018-19 연세대학교 학부대학 학장

충격공학의 기초와 응용

초판 인쇄 2020년 10월 14일
초판 발행 2020년 10월 21일
초판 2쇄 2021년 12월 20일

편저자 ㅣ 요코야마 다카시(横山 隆)
역 자 ㅣ 임윤묵
편집장 ㅣ 김준기
발행인 ㅣ 전지연
발행처 ㅣ KSCE PRESS
등록번호 ㅣ 제2017-000040호
등록일 ㅣ 2017년 3월 10일
주 소 ㅣ (05661) 서울 송파구 중대로25길 3-16, 대한토목학회
전화번호 ㅣ 02-407-4115
홈페이지 ㅣ www.kscepress.com
인쇄 및 보급처 ㅣ 도서출판 씨아이알(Tel. 02-2275-8603)

ISBN ㅣ 979-11-960900-7-4 (93530)
정 가 ㅣ 20,000원